メディアの
フィールドワーク

アフリカとケータイの未来

羽渕一代・内藤直樹・岩佐光広 編著

北樹出版

目　　次

Introduction　アフリカのケータイをフィールドワークする
　　　　　　　　　　　　　　　　　　　　　　【内藤直樹・岩佐光広】(2)
　1. アフリカのグローバリゼーションとケータイ……………………… 2
　2. 本書のアプローチ…………………………………………………… 7
　3. メディアのフィールドワーク……………………………………… 10

*コラム1：数字からみるアフリカのケータイ事情【前川護之】(15)
*コラム2：へき地へ「つながり」を提供するグラミン銀行のヴィレッジフォン
　　　　　　　　　　　　　　　　　　　　　　　　　　【大門碧】(19)

第1章　現代日本社会をケニアで考えるということ
　　　　　　──ケータイの利用をフィールドワークする【羽渕一代】(21)
　1. 現代を再考する……………………………………………………… 22
　2. トゥルカナへ………………………………………………………… 24
　3. M-PESAの衝撃……………………………………………………… 27
　4. 近代の貧困へ………………………………………………………… 29
　5. 互助関係に接合するメディア……………………………………… 30
　6. 互助的人間関係の基盤の上に……………………………………… 31
　7. 個人化の果て………………………………………………………… 33

第2章　道路をバイパスしていく電波
　　　　　　──マダガスカルで展開するもうひとつのメディア史【飯田卓】(36)
　1. 衛星電話の衝撃……………………………………………………… 36
　2. 1990年代の電話事情………………………………………………… 38
　3. 村落部の状況──2009年頃まで…………………………………… 40
　4. 2010年のケータイ革命……………………………………………… 41
　5. 個人にとってのモバイル機能……………………………………… 44
　6. 地政学的な変化……………………………………………………… 47

*コラム3：南アフリカケータイ旅行——はじめてのフィールドワーク
【前川護之】(50)

第3章　農村の若者集団とケータイ
　　　　——社会とメディアの個人化について考える【今中亮介】(52)
　1. はじめに——ラジカセからケータイへ………………………… 52
　2. K村におけるケータイの利用状況……………………………… 54
　3. マリンケ社会における「若者」………………………………… 57
　4. 子どものトンの増加による年齢組織の再編…………………… 59
　5. ケータイを用いた大人との集団交渉…………………………… 61
　6. おわりに——なぜ個人化しないのか？………………………… 64

*コラム4：都市の若者達の社会関係を映すケータイ利用【大門碧】(67)

第4章　ザンビア農村における女性のくらしとケータイ【成澤徳子】(69)
　1. 農村におけるケータイの普及——トンガのM村を事例に…… 70
　2. 都市短期訪問……………………………………………………… 74
　3. 村でケータイを利用する………………………………………… 76
　4. 情報通信技術とジェンダー……………………………………… 80

*コラム5：レジリアンスとセーフティネット【石本雄大】(83)

第5章　ナミビア農村部におけるケータイの普及と
　　　　経済活動の空間的拡大【手代木功基】(85)
　1. ナミビアのケータイ事情………………………………………… 86
　2. 地方農村部における急速な普及と利用………………………… 88
　3. 経済活動の空間的な広がり——農村部の視点から…………… 91
　4. 都市域から農村部への経済活動の拡大………………………… 95
　5. おわりに——経済活動の空間的な広がり……………………… 97

*コラム6：ビジネスチャンスの拡大と生業の持続【飯田卓】(100)

第6章　森に入ったケータイ——平等社会のゆくえ【松浦直毅】(102)
　1. 狩猟採集民ピグミーの社会……………………………………… 102
　2. ピグミー社会の変容……………………………………………… 105

iv 目　次

3. ガボンのケータイ事情……………………………………………… 106
   4. 村落部の状況 …………………………………………………… 109
   5. 調査地域における変化 ………………………………………… 112
   6. 平等社会のゆくえ ……………………………………………… 115

第7章 呪術化するケータイ【岩佐光広】(118)
   1. ケータイと呪術――現代アフリカのふたつの現象 ………… 118
   2. 現代的現象としての呪術 ……………………………………… 120
   3. ケータイと呪術の交錯するところ …………………………… 124
   4. 呪術化するケータイに目を向けることの意義 ……………… 131

*コラム7：ヘルスケアにおける情報通信技術の活用【岩佐光広】(134)

第8章 紛争と平和をもたらすケータイ
　　　　　――東アフリカ牧畜社会の事例【湖中真哉】(136)
   1. はじめに ………………………………………………………… 136
   2. 急速に普及するケータイ ……………………………………… 138
   3. 死を招くケータイ番号 ………………………………………… 139
   4. ケータイと紛争 ………………………………………………… 140
   5. おわりに ………………………………………………………… 146

*コラム8：「アラブの春」とソーシャルメディア【大川真由子】(151)

第9章 カネとケータイが結ぶつながり
　　　　　――ケニアの難民によるモバイルマネー利用【内藤直樹】(153)
   1. 人をつなぐふたつのメディア――おカネとケータイ ……… 153
   2. モバイルマネーサービスと難民 ……………………………… 156
   3. 「檻のない牢獄」を超えて――ケニア・ダダーブ難民キャンプ … 161
   4. メディアを介した居場所づくり ……………………………… 167

*コラム9：ホストと調和して生きる
　　　　　――アフリカの自主的定着難民によるケータイ利用【村尾るみこ】(172)

目次 v

第10章　ケータイが切りひらく狩猟採集社会のあらたな展開
　　　　──ボツワナにおける遠隔地へのケータイ普及がもたらしたもの
　　　　　　　　　　　　　　　　　　　　　　　　　【丸山淳子】(174)
　　1. カラハリ砂漠でもケータイ……………………………………………… *174*
　　2. 遠隔地にケータイが届くまで…………………………………………… *175*
　　3. コエンシャケネにおけるケータイの利用実態………………………… *180*
　　4. ケータイが切りひらくあらたな展開…………………………………… *186*

Conclusion　グローバル社会のメディア研究【羽渕一代】(190)
　　1. 国際社会を前提とするメディア研究…………………………………… *190*
　　2. グローバル化する社会とは何か………………………………………… *191*
　　3. 中間集団とメディア研究………………………………………………… *193*
　　お わ り に……………………………………………………………………… *195*

付　　　録……………………………………………………………………………… *197*
索　　　引……………………………………………………………………………… *199*

メディアのフィールドワーク
―― アフリカとケータイの未来 ――

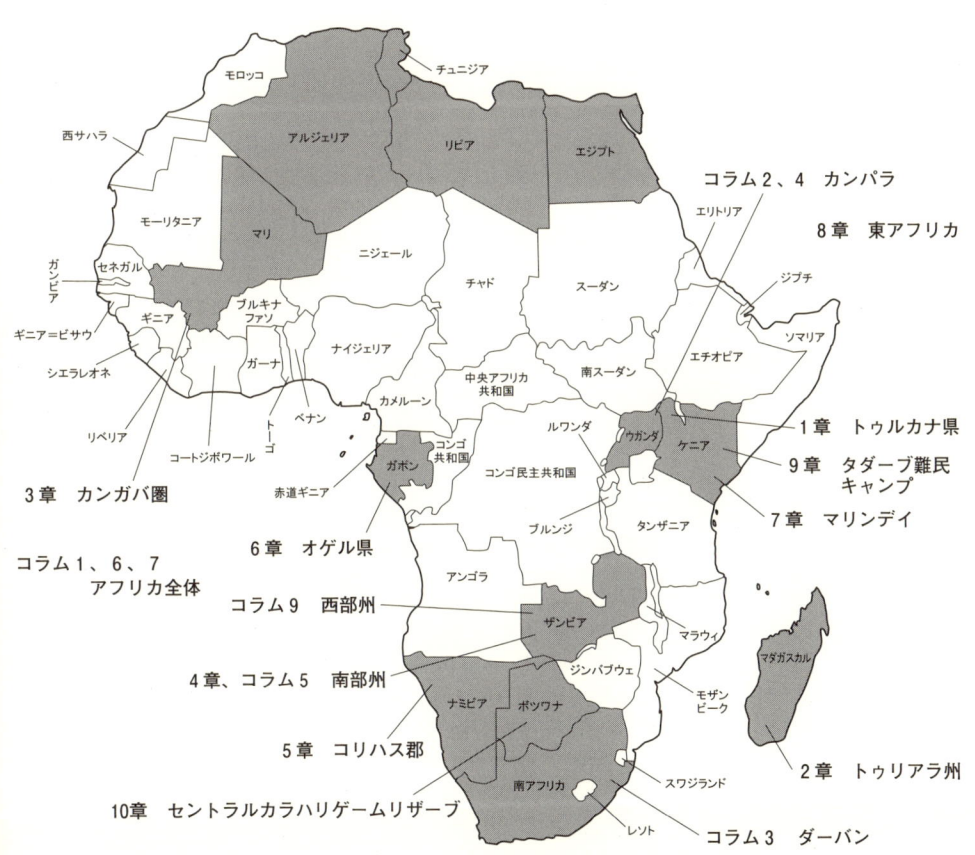

Introduction アフリカのケータイをフィールドワークする

　本書は、現代アフリカにおけるケータイの急速な普及に伴う、人々のくらしや社会・文化の再編のありようについて学ぶとともに、人々の生活の場を出発点としながらアフリカの携帯電話事情を捉えていくための方法についても学ぶことを目指している。とはいえ、多くの読者にとって縁遠いはずのアフリカの、しかもケータイについてである。そのことを学ぶことにいったいどのような意味があるのだろうか。
　この章では、近年のアフリカの社会状況と、それに対する本書のアプローチを概観することで、本書を読み進めていく上での見とり図を示す。

1　アフリカのグローバリゼーションとケータイ

　みなさんは「アフリカ」と聞いた時、どのようなイメージを抱くだろうか。マサイ族やブッシュマンといった民族の「伝統文化」？　サバンナに棲むライオンやキリンといった「自然」？　それとも飢餓や紛争といった深刻な「社会問題」？　アフリカに行ったことのない多くの人にとって、主にメディアを通じて示されるこうしたイメージが一般的なものであろう。けれども今なお「自然」や「文化」が残り、近代とは縁遠いようにもみえるアフリカでも、国家の枠組みを超える人・モノ・情報の奔流、いわゆる「グローバリゼーション」と無縁ではない。むしろ上記のようなアフリカのイメージと、グローバリゼーションとは相互に深く関連している。
　「アフリカの年」と呼ばれる1960年に、多くのアフリカの国々が長きにわたった植民地支配から解放され、アフリカの人々自身によるあらたな社会や経済への希望とともに独立を果たした。だが、1980年代以降のアフリカ諸国が直面したのは、あい次ぐ飢餓・貧困、紛争・内戦、国家の破綻、エイズの蔓延といった深刻な社会問題であった。アフリカが経験したこれらの問題は、未だ開発されていない熱帯雨林や砂漠といった「自然環境」が残っていることや、民

族や宗教などの風変わりな「伝統文化」が残っていることに関連づけられることも多い。つまりアフリカをめぐるさまざまな言説やイメージは、それが良いものであれ悪いものであれ、わたし達の社会がすでに「失った」ものが残存していること、もっと言えばわれわれの側の基準からみた時に感じ取られるアフリカの「遅れ」に関連しているといえよう。だが、こうしたアフリカの「遅れ」のイメージは、非常に偏ったものである。

　一例としてアフリカの紛争と内戦を取り上げよう。サハラ以南アフリカ諸国（以下、特に断りがないかぎり、これをアフリカとする）のおよそ半数が、冷戦構造が終結した1990年代以降、紛争や内戦を経験している。たとえば1994年のルワンダ内戦の中で行われたフトゥ族によるトゥチ族の虐殺や、スーダン北部のアラブ系住民と南部のアフリカ系住民との間でくり広げられてきた内戦など枚挙にいとまがない。日本で入手可能なメディアの情報の多くでは、このような紛争や内戦はアフリカに今なお残る「遅れた」文化である民族や宗教などの違いによるものという説明がなされている。

　だが、アフリカ諸国が経験した紛争の多くは、冷戦終結後に新自由主義的な政策再編がグローバルに展開された過程と密接に関わっている。新自由主義のグローバルな展開は、これまで近代国家によって独占的に管理されてきた暴力の手段をも市場化した。それは東西の先進国において軍事部門の民間へのアウトソーシングによる軍縮と平和をもたらしたといわれる。だがその一方、アフリカを含む世界システムの周辺部においては、反政府勢力や民間軍事企業といった「民間」の暴力の主体による紛争や内戦が多発した。たとえばコンゴでは、反政府勢力が先進国におけるケータイの材料ともなるレアメタルの販売を資金源として勢力を維持し、内戦を継続している。そのレアメタルはグローバルに流通し、わたし達のケータイの部品に使われているかもしれない。このように、アフリカにおける冷戦終結以降の内戦・紛争は、アフリカの「遅れ」によるというよりもむしろ、グローバリゼーションの表裏一体の進展の中で展開したのである。グローバリゼーションが進む現代においては、アフリカと日本も決して無縁ではない。わたし達と、紛争を生きている人々は、たとえばケータイの部品を通じてつながっているのである。

　けれども、アフリカの国々はこうした困難を抱える一方で、現在では政治経済

第1節　アフリカのグローバリゼーションとケータイ　*3*

的な面でのパフォーマンスが好転しつつあり、「第二の独立」ともいえるあらたな試みも起こっている。たとえば内戦後のルワンダは、先進国に難民として避難していた人々が身につけた知識や技術を基盤に、「アフリカの奇跡」と呼ばれるほどの急成長を遂げている。また、2010年にはアフリカ54番目の国家となる新生南スーダンが産声を上げた。そして、軍事政権下にあった北アフリカ・中東地域では、「アラブの春」とも呼ばれる一連の革命が果たされた。前述のように、グローバリゼーションはこれまでアフリカに暗い影を落とすことが多かったが、あらたな動きをもたらす原動力ともなっている。こうした近年のアフリカの動向を代表する現象であるとともに、それを促している要因のひとつとして本書が注目するのが、ケータイの普及という現象なのである。ケータイを含む通信事業は国家の政策と深く関わっている。アフリカの多くの国では固定電話網が十分に整備されていないため、他の通信メディアに比べて低コストで整備が可能なケータイネットワークの整備・拡充が通信政策の中心的課題となっている。実際にアフリカ諸国で、ケータイネットワークの整備が国策として進んでおり、近年の各国におけるケータイの普及状況は目を見はるものがある。2000年の時点では、アフリカ53ヵ国合わせて1500万人ほどであった契約数は、2010年では5億4千万人近くにまで膨れ上がり、2005年から2010年までのケータイ加入者数の年平均増加率は、アフリカ全体では31％にも及ぶという。

　こうした数値が示すように、アフリカにおけるケータイの普及はもはや都市部に限られた現象ではない。たとえば国内のもっとも辺境とされる乾燥地域や熱帯雨林に暮らす社会でさえ、ケータイを持っている人を捜すのは難しくなくなった。すなわち南アフリカ共和国のネルソン・マンデラ元首相が2004年に語ったように、アフリカに生きる人々にとって「携帯電話はもはや富の象徴ではなく、生活の一部になっている」のである（サリバン　2007）。さらに現在では、通話にとどまらず、インターネットやメール、さらには送金サービスのようなあらたなサービスも盛んに利用され生活の一部になりはじめている。

　このように「生活の一部」となったケータイを使って、人々はさまざまなことを行っている。たとえばケニアの難民キャンプの人々は、ケータイのカメラ機能を用いて写真や動画を撮り、それをウェブサイトにアップロードしている。この場合、携帯電話は単なる通信手段を越えた表現のためのメディアになって

いる。あらたに入ってきた携帯電話は、アフリカの人々にとってどのようなモノとして、いかに生活の中に位置づけられているのだろうか？　このような携帯電話のもつモノとしてのさまざまな機能や特徴、そしてそれらの多様な使われ方や位置づけの可能性を捉えるために、本書ではあえて携帯電話ではなく「ケータイ」という言葉を用いている。

　アフリカにおけるケータイの急速な普及現象は、携帯電話産業のグローバルな動向と密接に関連している。その点を理解する手がかりのひとつとなるのが、近年注目の高まっているBOP（Bottom of Pyramid）ビジネスである。BOPビジネスとは、世界の経済ピラミッドの底辺に位置する途上国の低所得者層（1日あたり8ドル以下の所得）を対象としたビジネスである（プラハラード　2010）。こうした低所得者層は1人あたりの所得は低いが、総人口は40億人以上であり、その総資産は5兆ドルにのぼるといわれている。BOPビジネスとは、これまで市場経済から排除されてきた人々を対象にあらたな市場を開拓していこうというグローバルな運動である。このBOPビジネスは、単に市場を開拓するだけではなく、低所得者層が直面する貧困などの社会問題の解決に寄与する可能性もあるとされる。BOPビジネスの基本戦略は、最新の技術を活用し、対象地域のニーズや環境に合わせたあらたな商品を低コストで販売することである。具体的には「パッケージ単位が小さく、一単位あたりの利潤も小さいが、販売量が大きく、投下資本に対する利益率が高い」ビジネスを目指している。たとえばボトル入りのシャンプーは低所得者には購入できないかもしれないが、洗髪一回分ごとの小分けにすれば、購入可能な金額で販売することができる。結果として低所得者層は、これまでの中・高所得者層をターゲットとしたビジネスモデルでは享受できなかったサービスにアクセスすることが可能となり、そのことで低所得層の人々の生活も改善されるという。つまり、企業にとっても低所得者層にとっても有益な「Win-Winの関係」が成り立つというのである（佐藤　2010）。

　BOPビジネスのモデルは、途上国や新興国に進出しようとする携帯電話産業にもマッチするものであった。これまでケータイのプロモーションは先進国を中心に展開されてきたが、その契約数はすでに飽和状態にあり、あらたな市場の開拓が求められていた。そのとき注目されたのが、潜在的な契約者が多く存在する途上国や新興国である。こうした国々でケータイ市場を開拓するため

には、従来の先進国の中・高所得者層を対象としたサービス形態を途上国の低所得者層向けに修正していく必要がある。その代表例が課金システムの変更である。先進国では事前に定額の通話料金を支払う「ポストペイド方式」が一般的であるが、アフリカ諸国を含む途上国・新興国では、通話料金を必要に応じて課金する「プリペイド方式」が広く採用されている。その通信料金（エアタイム）は、地域の雑貨店などでプリペイドカードをスクラッチし、そこに書かれている番号をケータイに登録することでチャージされる。1枚のプリペイドカードの価格は、数十円～千円分程度と幅がある。この方式であれば、貧しい人々もその時の懐事情に応じて通信料金を調整することができる。また、エアタイムをユーザー間で融通しあうサービス（コール・ミー・リクエスト）や、「電話をしてください」というメールを無料送信できるなどのサービスも提供されている（羽渕 2008）。これらの低所得者層向けのサービスを確立し提供することで、途上国・新興国をケータイ市場に取りこんでいったのである。

　この動向は、ケータイが社会問題の解消に効果的であるという意識の高まりにも後押しされている。そうした機運を世界的に高めたのが、バングラデシュの「グラミンフォン」の取り組みであろう（サリバン 2007）。この取り組みは、低所得者層を対象としたケータイサービスがビジネスとしてだけでなく、社会的貢献にも寄与しうることも示した。たとえば、グラミンフォンの取り組みを通じて、援助対象の女性達が経済的な面での利益を得ただけでなく、彼女達を通じて交通や通信という点で隔絶した地域に暮らしていた村人達にコミュニケーションの手段がもたらされた。その結果、村人達は携帯電話を用いて他地域の人々と交流し、経済行為を行うことで、村全体の生活の向上につながったというのである。実際に国際機関やNGO／NPOなどを中心として医療、教育、開発などの領域にケータイを利用することが世界的に活発化している。グラミンフォンをはじめとするBOPビジネスのモデルは今や世界的なトレンドのひとつとなったが、現代アフリカにおけるケータイの急速な普及も、まさにこうした情報通信産業をめぐるグローバルな動向と連動したものなのである。

　このように、アフリカにおけるケータイの急速な普及は、グローバル経済のうごきや、アフリカ諸国の政府などの利害や思惑が交錯しながら進行している現象である。それゆえ、ケータイの普及が、BOPビジネスのモデルが示す展

望やNGO／NPOなどの期待どおりの結果をもたらすとは限らない。たとえばグラミンフォンの取り組みに対しては、低所得者層の経済的向上よりも、一部の中・低所得者層の経済的向上をもたらし、さらなる格差という問題を生み出しただけだという批判もある。ケータイの普及が無条件に「良い変化」だけをもたらすというわけではないのである。とはいえ、この現象がアフリカに生きる人々に大きなインパクトを与えていることは確かである。このようにケータイはグローバリゼーションを私達とは異なる形で経験しているアフリカの今を鮮やかに映し出すメディアなのである。

2 本書のアプローチ

　ケータイをめぐるアフリカの全体的な動向を確認した上で、あらためて本書の目的を思い出してみよう。それは冒頭で述べたように、ケータイの急速普及現象のただ中に生きる人々がつくり出す生活や社会・文化のありようについて学ぶことであった。同時にそれはケータイを介してグローバリゼーションの中に生きるアフリカの人々の社会や文化の再編の過程を見ることで、そこからある種の「アフリカらしさ」を発見しようとする試みでもある。

　ケータイがもたらす社会文化的な面での影響については、これまで社会学を中心に検討されてきた。そこでは、たとえば人間関係、コミュニケーション、空間性、公共性などが再編される様子に注目しながら、ケータイを通じて現代社会に切り込み、そこから見えてきた社会状況からケータイの特性を捉え直すという反復的（弁証法的）な議論が展開されてきた（カッツ・オークス　2003；岡田・松田　2002）。ケータイという同一のテクノロジーに関連するのだから、その普及に伴うアフリカにおける社会文化的な変化も、先進国の経験とある程度の類似性をもちうると考えることもできる。しかし先進諸国の間でも、それぞれの国や地域、集団の社会文化的背景の違いによって、ケータイのインパクトの現れ方が異なることがすでに報告されている（カッツ・オークス　2003）。それゆえ先進諸国とアフリカ諸国のケータイをめぐる「違い」に注意を払う必要がある。

　たとえばアフリカは、先進国とは異なるメディアの歴史を経験している。アフリカ諸国の多くは19世紀から20世紀にかけてヨーロッパ諸国によって植民

地化され、その時期に電信や固定電話などの近代的なメディアが導入・設置された。しかしそれを利用できたのは役人などのごく限られた人たちだけであり、独立後もあまり普及せずにきた。だがこうした状況の中で2000年代に導入されたケータイは一般の人々も含めて急速に普及した。すなわちアフリカに暮らす大半の人たちは、固定電話の普及という前史を一足飛びに、ケータイの普及を経験しているのである。その点で、固定電話の普及の後にケータイの普及を経験した先進国とは、ケータイの「新しさ」の意味が異なる。

また、ケータイというテクノロジーは、アフリカ社会や文化の特徴に応じた独自のインパクトを創り出している。アフリカ全土には数千に及ぶ言語が存在するが、そのほとんどは文字をもたない。このような無文字社会は、文字ではなく口承やパフォーマンスによって時間や空間を超えて相手に情報を伝える「声の文化」(Ong 1991) をもつことが知られている。現在のアフリカでは主にローマ字表記による教育が行われているものの、十分な教育を受けることができなかったために、読み書きができない人も多い。ケータイはこうした人々が利用可能なコミュニケーションの手段として非常に優れている。なぜなら「読み書き」ができない人々も「話して聞く」ことはできるからである。このように「声の文化」の歴史をもつアフリカの人々にとって、「話して聞く」コミュニケーションツールであるケータイは非常に馴染みやすいものであった。加えてアフリカには遊牧、狩猟採集、漁撈、移動耕作など移動性の高い生活を送る者も少なくない。移動を常態とする生活を営んできた彼らにとって、定住を前提とする固定電話は利用しにくいメディアであったと思われる。だが電波の届く範囲であればどこででも通話可能なケータイは、移動を常態とする人々にとっても使いやすいメディアなのである。

ケータイネットワークの拡大過程にも先進国との差異が認められる。すでに述べたように、BOPビジネスは最新のテクノロジーを駆使して、これまで「周辺」とされてきたような地域をターゲットに、あらたなニーズを創出するという戦略をとっている。アフリカにおけるケータイのネットワークの拡大は、首都などの中心地域から始まったが、それは短期間のうちに国内のさまざまな周辺地域も含むものとなった。それゆえ、その普及過程は中心から周辺へという段階的な過程というよりも、むしろ「同時多発的」と表現する方がしっくりく

る。アフリカにおけるケータイの普及の様子が「急速に」あるいは「爆発的に」と表現されるのはそのためである。

　しかしタイムラグが少ないとはいえ、やはりインフラの整備やサービスの導入は都市部が先行するし、まだまだケータイの安定した利用が難しい周辺地域も少なくない。実際にはひとつの村の中でも、ある場所では利用できるが、別の場所ではできないということもしばしばある。最近までケータイが使えなかった地域に突如アンテナが建つこともあれば、逆に電力の供給や設備のメンテナンスの都合で突然にケータイが使えなくなることもある。このようにアフリカにおけるケータイの同時多発的な普及は、均質的に進行するというよりもむしろ、地域的なバラツキやゆらぎを有しながら進行しているものである。したがって、構築されるメディア環境も、中央から周辺へと段階的に普及した結果、安定したインフラが網羅的に整備されるに至った先進国の現状とは異なるものとなる。アフリカのへき地で人々がケータイをさまざまに使いこなすというミクロな現象は、グローバル経済の展開や情報通信インフラ整備をめぐる国策などのマクロな動きと連動しているのである。

　こうしたケータイの普及に伴い、人々のくらしや社会・文化の「変化」がアフリカ全土で進行している。それは、これまで行政サービスやビジネスチャンスにアクセスできなかった人々に機会を提供するかもしれないし、逆にさらなる格差を生み出すかもしれない。アフリカの携帯電話事情について現時点で利用可能な資料の大半を占める各種の「報告書」を見る限り、アフリカ全体や各国のケータイの普及・利用状況が統計資料をもとに総論的に示され、それに伴う社会変化として経済発展や社会問題の解消などに関連するわずかな事例が取り上げられるのみである。だがアフリカの人々が経験した歴史や培ってきた文化を踏まえれば、ケータイの普及に伴う人々の生活や社会・文化の再編は地域や集団ごとにバラツキやゆらぎを含みながら進行していると考えることもできるだろう。だとすれば、その結果として生じている変化も、経済発展や社会問題の解消といった方向だけに限定されるものでなく、多様なかたちで立ち現れるに違いない。だとすればケータイをめぐるアフリカ諸社会の変化の様相は、複数の切れ端をつなぎあわせたパッチワークのようなものと捉えた方が適切である。アフリカにおけるケータイの「同時多発的」な普及過程を理解するため

には、グローバルあるいはナショナルなケータイの普及の力学やアフリカの文化や歴史を踏まえながら、実際の地域や社会集団におけるケータイの受容をめぐる動態的な過程をつなぎあわせる作業が必要となる。

そのための取り組みは、具体的には次のような問いに答えていくものとなるだろう。すなわちアフリカに暮らす人々は日々の生活の中でどのようにケータイを利用している（あるいは利用していない）のだろうか？　それによって、たとえ些細なことであれ彼らのくらしはどのように変化している（あるいは変化していない）のだろうか？　そして、そうした経験を通じて、いったいどのような社会と文化の面での再編が起こっている（あるいは起こっていない）のだろうか？　本書はこうした問いをもとに、ケータイを介してアフリカに暮らす人々の多様な生活の場で生じている変化の具体的な様相を示すことを試みている。

3　メディアのフィールドワーク

「アフリカ」「ケータイ」という関心とともに本書を通底するもうひとつのキーワードは「フィールドワーク」である。フィールドワークという方法論は、近年では教育学や心理学などでも採用されているが、それが調査方法として成立したのは人類学においてである。人類学が主に対象としてきたのは「異文化」であり、それをその文化を生きる「住民の視点から」(Geerts 1983) 理解することを試みてきた。そのために人類学者は、異文化に一定期間（半年から2年ほど）身を置き、現地の言葉を習得しながら、そこに暮らす人々と生活を共にし、自らもさまざまな活動に参加しつつ観察するというフィールドワークを重視してきた。さて、本書で扱うアフリカのような場所でフィールドワークを行うためには、専門的な知識と経験（多くの時間や忍耐、それに資金）を必要とする。だが人類学的なフィールドワークの現場は私たちの身の回りにこそひろがっている。なぜならフィールドワークの現場は、「あたりまえ」に感じられる日常を、異なる視点で見直すことを通じてはじめて現れるものだからである。本書を通じて、アフリカの人々のメディアとの付き合い方について学びながら、私たち自身のメディアとの付き合い方について考える機会にしてほしい。

本書の執筆者の多くは、アフリカの地域社会で長期にわたるフィールドワー

10　Introduction　アフリカのケータイをフィールドワークする

クを行ってきた若手の人類学者や地域研究者である。これまで彼らはそれぞれの関心をもとに狩猟採集民や牧畜民、農耕民、漁撈民、都市住民、あるいは特定の民族集団を対象としたフィールドワークを実施してきた。そして、そこでの生業活動、社会関係、文化的実践を人々の生活の現場から捉え、同時にそれらがグローバルな動向や国家などの影響のもとでどのように変化しているかを描き出すことを試みてきた。執筆者の多くは1990年代後半から2000年代前半にフィールドワークを始めている。彼らはまさにケータイがアフリカ各地で普及し始める現場に立ち会い、そこで人々のくらしが変わっていく（あるいは変わらない）様子を目の当たりにしてきた。各章やコラムには、アフリカ諸社会において同時多発的に生じている生活レベルでの変化の諸相が具体的な事例とともに描き出されている。

　第1章と第2章では、ケータイとの関連からアフリカにおけるフィールドワークの経験が描かれている。第1章では、社会学者としてメディア研究に取り組んできた羽渕が、アフリカにおいてケータイのフィールドワークを行うに至った経緯と、その取り組みから見えてきた理論的な展望を描いている。第2章では、マダガスカルの漁撈民を対象に人類学的調査を行ってきた飯田が、マダガスカルのメディアの歴史を踏まえ、ケータイの普及がもつ社会的なインパクトを空間論的な観点から検討するとともに、それがフィールドワークのあり方も変えうる可能性を示唆している。

　同じ社会においても年齢層や性別によってケータイの利用方法は異なる。第3章では、マリの地域社会における年齢集団に関するフィールドワークを行う今中が、若者集団によるケータイ利用を記述しながら、メディアがもたらす社会の個人化の問題について検討している。第4章ではザンビア農村における女性の生業について調査を行ってきた成澤が、男女間でのケータイの入手・利用方法の違いについて分析している。ケータイという同じモノの受容のされ方はジェンダーによっても大きく異なりうるのである。

　アフリカを対象とした人類学的研究は、多くの平等社会や無頭社会を対象にしてきた。つづく第5章と第6章では、ケータイの普及がこうした社会にもたらすインパクトについて検討している。第5章では手代木が、ナミビアの乾燥地に暮らす牧畜社会におけるケータイのインパクトを活写している。都市に暮

らす人々が増える中で、ケータイの登場は都市の富裕層が村の貧困層を労働力として利用することを可能にしている。ケータイは牧畜社会にあらたな不在地主を誕生させたのであろうか。第6章では、ガボンに暮らす狩猟採集民であるピグミーを調査してきた松浦が、権力や経済的格差の発生を抑止する平等社会におけるケータイの受容について論じている。パーソナルなメディアであるケータイの受容によって、平等社会はどこに向かうのであろうか。

　ケータイという新しいテクノロジーは、それを受け入れる社会の文化的な文脈の中で理解される。第7章は、他の章とは異なり、ラオスで医療人類学的研究を行ってきた岩佐が、先行研究をもとにケニア海岸部の地域社会におけるケータイと呪術の関係を例にあげながら、ケータイをめぐる文化的な解釈について検討している。

　ラジオ放送がルワンダにおけるジェノサイドのひきがねになったようにアフリカの内戦とメディアには深い関係がある。第8章と第9章はケータイというあらたなメディアと紛争、そして平和構築との関係について検討している。第8章では、東アフリカの牧畜社会でフィールドワークを行ってきた湖中が、ケータイと地域紛争の関係について論じる。内藤による第9章では、ケニアの難民キャンプで暮らすソマリアの難民が、ケータイによる送金サービス（モバイルバンキング）を活用して生きる場を構築する様子を活写している。ケータイへのアクセスビリティが低いと思われがちな難民が、カネとケータイという2種類のメディアを駆使していかなる「世界」を創り出しているかがわかるだろう。これらの章からは、グローバル化の進む現代アフリカの複雑で動態的な現状を垣間見ることができるとともに、その中でケータイが「問題の種」となる一方、問題に対処するための武器にもなっている二面性をもつものであることがわかるだろう。

　第10章では、南部アフリカの「ブッシュマン」として有名なサンの人々を調査してきた丸山が、ごく最近になって利用可能となったケータイを人々がどのように利用しようとしているかを、一人の女性を中心に描き出している。そこからは、ケータイが当たり前になっているわたし達には見えなくなっていることが多くあることに気づかされるだろう。

　そして終章では、羽渕がアフリカにおけるケータイの急速な普及現象のインパクトについて学ぶことの意味を示している。ヒト、モノ、カネそして情報が

国境を越えて移動する今日のグローバル社会のなかで、わたし達やアフリカの人々の〈つながり〉や連帯のあり方はどこに向かうのだろうか。本書はこの問いかけに対する明確な答えを示すことはしない。この問いは、今後みなさんとともに考えることにしたい。

　これらの記述は、グローバルからローカルに至る異種混淆のアクターが構成するケータイという現象を射程に入れつつも、対象とする地域の歴史的・地政学的な背景、そこで培われてきた「伝統的な」実践や解釈とその変化やゆらぎ、ケータイの普及に伴い生じる欲望や葛藤、楽しさや苦悩、期待や不安といったアフリカに暮らす人々の経験と真摯に向きあおうとする各執筆者のフィールドワークの実践を通じてこそ可能となったものである。

　とはいえ、本書はケータイの普及に伴うアフリカ諸社会における人々のくらしの変化と社会・文化の再編のありようの、ごく一部を描き出しているに過ぎない。アフリカは広く、そして多様だ。自然環境を見ても、熱帯雨林からサバンナをへて砂漠までひろがっている。そこに暮らす人も、都市部で国際的な事業を展開する起業家から、農村部で牧畜や狩猟採集を主要な生業活動として営む者まで多様であるし、さらに、民族やナショナリティ、宗教や信仰、職業や社会階層、ジェンダーや年齢・世代などによる違いもある。そしてそれらは、「伝統」として固定化されたものでは決してなく、グローバル／ローカルな関わりの中で動態的に構築され、変化しているものである。

　加えてケータイをめぐる現象も、ケータイの端末や充電器・アクセサリーといったモノ、アンテナや電力網などのインフラ設備、国家と通信政策などの諸制度、企業とそれらが提供する各種サービス、ケータイを製造・流通・販売する業者や店舗、それらと関連する知識や情報、言葉、観念といった多種多様な事物が関連する壮大かつ複雑なネットワークのごく一部として生起するものである。

　この社会文化的な多様性と動態性に満ちた現代アフリカと、ケータイをめぐる壮大かつ複雑なネットワークが絡みあう現象について、本書の限られた紙幅の中で語り尽くすことは難しい。そうした中で本書が試みていることは、現代アフリカにおけるケータイ事情の全体像を踏まえつつ、たとえ断片的なものであれ社会や文化の再編のありようについての記述を蓄積し、それらを分析するという帰納的な手順を踏むことである。近年になり人類学や地域研究の研究者

がアフリカにおけるケータイの社会文化的なインパクトについての研究に取り組み始めたものの（Bruijn et al. 2009）、残念ながらその蓄積も十分なものではない。さらに日本語で読めるものとしては皆無といってよい。そうしたなかで、各章を担当する執筆者が、これまでのフィールドワークの知見をもとに、あらたなメディアであるケータイがそれぞれの社会に受容されていく貴重な場面を活写するとともに、それを用いる人々の営みや、そこで生じる社会文化的現象を生き生きと描き出している本書の試みは、先駆的な意味をもちうるだろう。そして本書を通じて、グローバリゼーションの中のアフリカ地域社会の潜在力を感じ、少しでも興味をもってもらい、あわよくば本書を手に取ってくれた読者の中からアフリカでのフィールドワークを志す者が現れてくれればと願っている。

（内藤直樹・岩佐光広）

＊参考・引用文献

Geertz, Clifford, 1983, "From the Native's Point of View": On the Nature of Anthropological Knowledge, *Local Knowledge: Further Essays in Interpretive Anthropology*, New York: Basic Books, pp. 55-70.（＝梶原景昭他訳 1991「住民の視点から：人類学的理解の性質」『ローカル・ノレッジ：解釈人類学論集』岩波書店 pp. 97-124.）

Prahalad, Coimbatore Krishnarao, 2010, *The Fortune at the Bottom of the Pyramid: Revised and Updated 5th Anniversary Edition*, New Jersey: Pearson Education, Inc.（＝ 2010、コンサルティング、スカイライト訳『ネクスト・マーケット［増補改訂版］：「貧困層」を「顧客」に変える次世代ビジネス戦略』英治出版.）

羽渕一代, 2008,「ケータイ急速普及地域ケニア：周縁地域の利用をめぐるエピソードから」『人文社会論叢 人文科学篇』20：29-47.

Katz, James Everett and Mark A. Aakhus eds., 2002, *Perpetual Contact: Mobile Communication, Private Talk, Public Performance*, Cambridge: Cambridge University Press.（＝2003、立川敬二監修、富田英典訳『絶え間なき交信の時代―ケータイ文化の誕生』NTT 出版.）

Bruijn, Mirjam de, Francis B. Nyamnjoh, and Inge Brinkman eds., 2009, *Mobile Phones: The New Talking Drums of Everyday Africa*, Bamenda: Langaa Rpcig.

Sullivan, Nicholas P., 2007, *You Can Hear Me Now: How Microloans and Cell Phones are Connecting the World's Poor to the Global Economy*, San Francisco: John Wiley & Sons, Inc.（＝ 2007、東方雅美・渡部典子訳『グラミンフォンという奇跡：「つながり」から始まるグローバル経済の大転換』英治出版.）

佐藤寛編, 2010,『アフリカ BOP ビジネス：市場の実態を見る』日本貿易振興機構.

Ong, Walter J., 1982, *Orality and Literacy: The Technologizing of the Word*, London: Routledge.（＝ 1991、林 正寛・糟谷 啓介・桜井 直文訳『声の文化と文字の文化』藤原書店.）

数字からみるアフリカのケータイ事情

　アフリカでは人々によってケータイがどのように、どれくらい利用されているのか？内部の実態は現地に行ってフィールドワークを通してでしかわからないことが多い。しかし、国連機関等が公表している数値データからも、アフリカでのケータイ普及についてわかることはたくさんある。このコラムでは、巻末の付録資料などを参考に、日本にいながらにしてわかることを解説していきたいと思う。

　日本や他の先進国の住民にとってケータイが出現する前の主要なテレコミュニケーションツールは固定電話であった。固定電話はケータイが普及した後も主に家庭や事務所の公式の窓口として広く使われていて、一定の地位を保っている。それに対して、アフリカでは固定電話の回線数は昔も今も低い水準のままほとんど変わらない。アフリカ全体での固定電話回線は2000年の時点で約2千万回線が敷かれていたが、2010年になっても1千万回線程度増えた約3千万回線でしかない。そして、固定電話はアフリカでは今後も劇的に増えることはないだろうと思われる。2005年から2010年の固定電話回線数の年平均増加率はアフリカ全体で2.4%でしかなく、増加率がマイナスである国が6ヵ国ある。

　その一方アフリカでは21世紀に入り、ケータイの加入者数が急激に増加している。2000年にはアフリカ53ヵ国合わせても1500万人しかケータイサービスに加入していなかったが、2010年では5億4千万人近くにまで膨れ上がった。11年間で約36倍である。2005年から2010年の間のケータイの加入者数の年平均増加率は、アフリカ全体では31%にも及ぶ。国単位でみれば、5年間の年平均増加率が50%以上の国は16ヵ国もある。ギニアでは年平均増加率が80%を超えている。

　アフリカでは、固定電話は今も昔ほとんど利用されておらず、ケータイが人々にとって最初の主要なテレコミュニケーションツールとなっている。上記のようにかつては固定電話とケータイの普及水準は同程度であったが、現時点での普及の差は歴然としている。2010年、アフリカ全体ではケータイは固定電話の約17倍の回線数（加入者数）をもっている。ケータイ加入者数が固定電話回線数の100倍以上になる国は6ヵ国あり、コンゴ共和国は386倍にまで及ぶ。さて、各国のケータイ加入者数は多分にその国の人口規模によるところが大きい。現在アフリカでもっとも加入者数が多い国は、アフリカ最大の人口を抱えるナイジェリアで8700万人が加入している。ナイジェリア以下ケータイ加入者数上位国には人口が多い国が続く。ただし、アフリカ第三の人口で8千万人を抱えるエチオピアは未だケータイ加入者数は600万人にすぎない。

　普及率（＝ケータイ加入者数÷人口×100）は、その国が置かれている状況によってさまざまであるようだ。概して、面積が小さく人口が少ない国は普及率が高い。セイシェル、ガ

ボン、モーリシャスが好例だろう。面積が小さいと国中に電波塔などのインフラを整備するのに時間と費用が少なくすむからだと考えられる。同じ理由から、小さな島国のセイシェルとモーリシャスは固定電話網もアフリカの中では整備が進んだ国である。また、普及率の高さは国民1人あたりのGDPの高さとも少なからず関係があるようだ。アフリカにおいてGDPを左右するものは地下資源であることが多い。資源国でかつ人口が少ない国は国民1人あたりのGDPが高くなり、一人ひとりの生活水準は高くなる。また人口の少なさもあいまって普及率も高くなる傾向がある。資料でわかっている中で、国民1人あたりのGDPがアフリカで2番目に高い産油国リビアは普及率171%を誇っている。他のマグリブ諸国はサハラ以南アフリカ諸国よりも経済水準が高く、総じて普及率が高い。それに対して、先に言及したエチオピアは国民1人あたりのGDPがアフリカで6番目に低い。また、同国に関していえば、通信事業を政府が独占しているため価格競争が起こっていないということも普及率の低さの背景にあるようだ。そして、普及率は国家としての安定性とも関連があるようだ。国際非営利組織平和基金会(The Fund for Peace)が定める失敗国家指数(指数が高い方が評価は低い)がアフリカのみならず全世界でトップ4を獲得してしまったソマリア、チャド、スーダン、コンゴ民主共和国はスーダンを除けばいずれも普及率25%以下である。ソマリアは10%にも満たない。

　失敗国家指数が高く、ケータイ普及率が低いソマリアとコンゴ民主共和国においても経済国南アフリカやナイジェリアと同様にケータイを用いたバンキングサービスが存在する。アフリカで5番目に失敗国家指数が高いジンバブエも含めて、これらの国では国家が機能的でないため、国家が果たせていない部分、この場合では金融システムとそのシステムを支えるためのインフラを民間セクターで補っているという見方も可能であるだろう。

　最後に、前述のとおり、アフリカのケータイ加入者数の年平均増加率は30％以上だ。これは、すなわち、1年で加入者数などの数値データは大きく変わってしまうということを意味する。この稿を執筆している時と本書が出版される時とでさえ状況は変わってしまっている可能性の方が高い。しかし、アフリカの人々が実際の生活の中でどのようにケータイを利用しているか、あるいは、ケータイの導入がどのように生活を変えているかを理解する上では、その時の状況を記すことは十分に意義のあることだと考える。本稿と付録資料が読者の理解の一助となればと考えている。（前川　護之）

　＊参考ウェブページ

The Fund for Peace. (Retrieved December 31, 2011, www.fundforpeace.org).

International Telecommunication Union [ITU]. (Retrieved December 31, 2011, http://www.itu.int/ITU-D/ICTEYE/Indicators/Indicators.aspx).

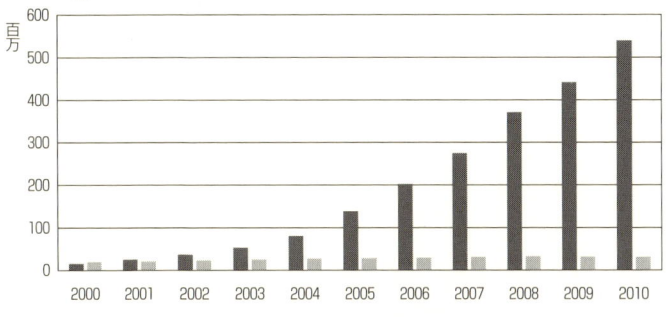

図コラム1-1　携帯・固定電話数推移グラフ

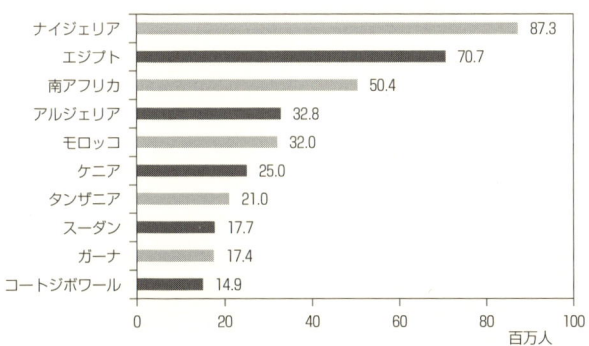

図コラム1-2　2010年各国の携帯電話加入者数（上位10国）

コラム1　数字からみるアフリカのケータイ事情

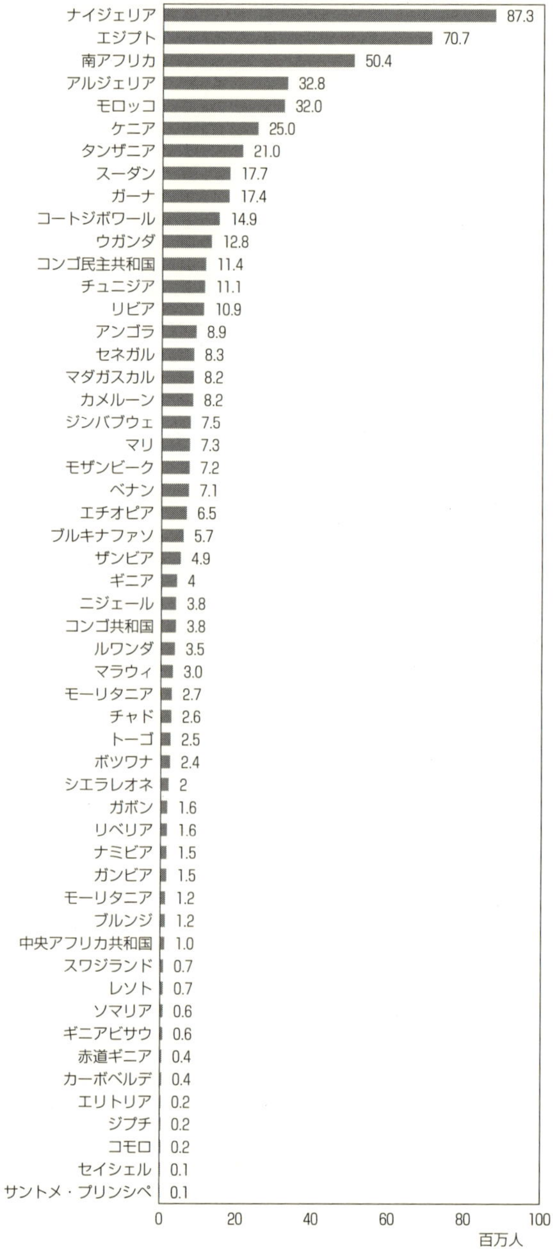

国	加入者数(百万人)
ナイジェリア	87.3
エジプト	70.7
南アフリカ	50.4
アルジェリア	32.8
モロッコ	32.0
ケニア	25.0
タンザニア	21.0
スーダン	17.7
ガーナ	17.4
コートジボワール	14.9
ウガンダ	12.8
コンゴ民主共和国	11.4
チュニジア	11.1
リビア	10.9
アンゴラ	8.9
セネガル	8.3
マダガスカル	8.2
カメルーン	8.2
ジンバブウェ	7.5
マリ	7.3
モザンビーク	7.2
ベナン	7.1
エチオピア	6.5
ブルキナファソ	5.7
ザンビア	4.9
ギニア	4
ニジェール	3.8
コンゴ共和国	3.8
ルワンダ	3.5
マラウィ	3.0
モーリタニア	2.7
チャド	2.6
トーゴ	2.5
ボツワナ	2.4
シエラレオネ	2
ガボン	1.6
リベリア	1.6
ナミビア	1.5
ガンビア	1.5
モーリタニア	1.2
ブルンジ	1.2
中央アフリカ共和国	1.0
スワジランド	0.7
レソト	0.7
ソマリア	0.6
ギニアビサウ	0.6
赤道ギニア	0.4
カーボベルデ	0.4
エリトリア	0.2
ジブチ	0.2
コモロ	0.2
セイシェル	0.1
サントメ・プリンシペ	0.1

図コラム 1-3　2010年各国の携帯電話加入者数

コラム1　数字からみるアフリカのケータイ事情

へき地へ「つながり」を提供するグラミン銀行のヴィレッジフォン

　1997年、バングラディシュのグラミン銀行がヴィレッジフォン・プログラムを開始した。人口の8割が農村に住み、世界銀行によって貧困国に分類されているバングラディシュで始まったこのプログラムは、次のように展開された。まず、貧困層の女性がグラミン銀行からお金を借りて、グラミン銀行傘下のグラミンフォン社から携帯電話を買う。その電話を村人たちに賃貸する商売を営むことで、女性たちはローンの返済を行いそして利益を得る。つまりこのプログラムは、へき地への情報伝達手段の提供と、貧困層の女性への自立支援、というふたつの目的をもっていた。これによってバングラディシュの人口の7割にあたる1億人が通信手段を手にし、女性たちは同国の平均所得のほぼ2倍を稼ぎ出すようになったとの報告がある。

　ヴィレッジフォン・プログラムの画期的な点をあげてみよう。ひとつは海外投資家たちの偏見を打開したことである。もともとグラミン銀行はマイクロファイナンス（貧困層を対象にした小額の融資）事業を展開してきた。この事業とケータイのビジネスを連携させて、ヴィレッジフォンを発動させたのは、同国出身のイクバル・カディーアである。彼は、ニューヨークでベンチャーキャピタリストとして働いた後、帰国して携帯電話事業の実施を目指すが、投資家探しに苦労した。当時の投資家たちは、貧困率が高い発展途上国において携帯電話事業が成功する見通しをもてなかったためである。しかしカディーアは、遠くの病院へ薬を取りに行っても無駄足になってしまうといった幼いころの農村での経験から、農村の人々が長距離移動のために多くの出費をしており、他地域との「つながり」を欲していることを実感していた。よって彼の事業は軌道に乗り、その後の発展途上国における携帯電話事業の拡大を後押ししたのである。ケータイの使用が、人々の日常生活の出費を抑えるだけでなく、市場の価格を調べることで、農民や漁師の収入増加を導いたとされている。この事業の成功は、ビジネスが投資家と貧しい人々の双方に利益をもたらす「包括的資本主義」を示した。

　また、このプログラムは貧困層の女性にケータイを貸し出すことによって、社会開発を目指した点も重要である。バングラディシュでは、家父長的な家庭が重んじられ、女性よりも男性の教育や医療が優先されるなど、女性が社会的に虐げられてきた。よって携帯電話賃貸業により、女性が利益を出すようになることで、家庭への女性の貢献をあらわにし、彼女たちの社会的地位の上昇を期待したのである。しかし実際に、貧困の克服と女性のエンパワーメントが成功したとはいえないとの報告がある。女性たちの名義でケータイは購入されたが、実際に電話の貸し業務を行っているのは彼女たちの夫や息子といった男性が多いこと、業務を行う場所を用意するなど最初に投資する資金が必要なため、このプログラムには貧困層ではなく主に中間層が参与していた

ことなどが、その理由である。事業側が、社会開発を目指しながらもあまりにも放任主義であったことが、問題点として指摘されている。

　既存の社会問題は簡単には解決できない。プログラムに携わる各人が意識を変える必要性があるだろう。ただしヴィレッジフォン・プログラムが、へき地への「つながり」を確立させたことは否定できない。現在、グラミン銀行は財団を設立し、ほかの発展途上国にも「つながり」の提供を始めている。たとえば2003年、同財団はこのプログラムをウガンダで開始し、サハラ以南アフリカへ初進出を果たした。さらに2009年、グーグルと携帯電話会社モバイル・テレフォン・ネットワークス（MTN）ウガンダと共同して「グーグル・SMS」というサービスをウガンダで始めた。これを使えば、ケータイのSMS（ケータイ同士で送るメッセージサービス）機能を使って、近くの病院はどこかといった保健衛生関連や、農業、スポーツ、天気予報などの幅広い情報が取得できる。車や農作物の売り手や買い手を探すこともできる。もちろん個人のケータイだけでなくヴィレッジフォンでこのサービスにアクセスができる。農村地域でも女性を含めた各人が、ケータイで健康を維持しながら低コストで農作物の販売を行うことができれば、将来、女性の社会的地位の向上などを含めた社会全体の開発も実現するかもしれない。

　この頃は、日本にいる筆者のケータイにも頻繁にウガンダから電話がかかってくるようになった。「南スーダンに日本の軍隊（自衛隊）が行くかもしれない」と、ふと電話ごしに言ってみた。電話の相手が住む農村は2011年に新しく建国された南スーダン共和国との国境に近い。「へえ。まあいいけど俺たちのこと撃たないでくれよ。」彼がかすかに笑う声まできちんと聞こえてくる。辺境地帯と思われている場所と、私達は今、ケータイを通して確かにつながっている。しかし、ヴィレッジフォンが提供した「つながり」を、互いの社会を発展させる「つながり」にするのは、やはりこのケータイを握りしめる私達、人々の行動次第なのであろう。　　　　　　（大門　碧）

＊参考文献

Sullivan, Nicholas P., 2007, *You Can Hear Me Now : How Microloans and Cell Phones Are Connecting the World's Poor to the Global Economy*, San Francisco : Jossey-Bass, a Wiley imprint. (= 2007, 東方雅美・渡部典子訳『グラミンフォンという奇跡：「つながり」から始まるグローバル経済の大転換』英治出版.)

佐藤彰男ほか編、2010、『ヴィレッジフォン：グラミン銀行によるマイクロファイナンス事業と途上国開発』御茶の水書房.

坪井ひろみ、2006、『グラミン銀行を知っていますか：貧困女性の開発と自立支援』東洋経済新報社.

グラミン財団、2011、「Empowering the Poor」（2011年11月7日取得、http://www.grameenfoundation.org/what-we-do/empowering-poor）

ウガンダの日刊紙デイリーモニター（Daily Monitor）2011、（2010年1月28日付）（2011年10月19日取得「Getting more from your SMS facility」）

 20　コラム2　へき地へ「つながり」を提供するグラミン銀行のヴィレッジフォン

Chapter 1
現代日本社会をケニアで考えるということ
ケータイの利用をフィールドワークする

　2007年2月、わたしはナイロビで焦っていた。同僚のアフリカ研究者からは、「ナイロビでの移動にはタクシーを使え、夜は出歩かないように、昼でも1人で歩いてはいけない」と厳重注意を受けていた。ナイロビで出会った研究者たちは、すでに調査方法や手段を確立しており、どんどん調査を進めている。一方で、わたしはまったく調査にならない。

　この頃のケニアの携帯電話会社は、サファリコムとセルテルケニアの2社であった。日本にいる段階で何度も会社宛にヒアリングインタビューのお願いメールを出すが、まったくうまくいかない。セルテルケニアのPR部門のマネージャーからは、「忙しいから無理だ」という返事。返事をもらえたセルテルケニアはまだよい。サファリコムにはまったく無視される。

　サファリコム本社に行き、受付でお願いしてみると、若い男性社員が同情してくれた。「ここに連絡してみろ」とPR部の部長のメールアドレスを教えてくれた。さっそくインタビューの申し込みを行ったが、役員会の受諾がなければ無理だということであった。さらに、質問内容を事前に知らせろという。ここぞとばかり、準備していた質問紙を送る。結果は、「ホームページ上で公開している情報以外に情報は公開しない」と断られた。

　アジアで調査するのとは異なり、ナイロビではタクシー代が高く、莫大な交通費を支払い、無駄足を踏む毎日。日本にいるのと同じようにお酒など飲みに出かけるなんてもってのほか、街で遊ぶなんて怖くてできないし、友達もいない。気分がまったく晴れない2週間が過ぎていった。日本や韓国で行ってきた携帯電話会社の企業調査を思い出し、なんてらくちんな調査をしていたのだろう、と悲しくなるばかりであった。ケニアで調査を行うなんて、社会学徒のわたしにとっては荷が重すぎたのだ。人類学の調査は時間がかかる。異文化社会で行われることが多いからだ。この2週間、時間を無駄にしている気がして、苦しくてしかたがなかった。おとなしく日本の調査をしていれば、こんな苦労することもなかっただろう。この調査、誰から頼まれたわけでもないのに。

1 現代を再考する

　そもそも、なぜアフリカにのこのこと出かけていったのか。それは近代化について少しでも理解したいという妙な熱意から生まれたものである。

　A. ギデンズ、U. ベックといった再帰的近代化論を提唱する理論家達は、現代社会を捉える上で、ポストモダンという用語が「近代以降」という意味以上、何も説明しないことを指摘し、ハイモダン、再帰的近代という用語で現代を説明している (Giddens 1990)。社会を分析する際、時間的区分と空間的区分というふたつしか分析範囲を決める方法はないが、特に現代社会を考える際、時間的区分が重要となってくる。現代はいつから現代なのか？ 社会学では前近代（伝統社会）、初期近代（産業社会）、後期近代（消費社会・情報社会）という区別が一般的にみられる。しかし、ギデンズらが指摘するように、そもそも伝統的な様式や慣習が近代的な様式や慣習に切り替わっていくのではなく、それ以前の様式や慣習を批判継承するかたちで重層的に積み重ねられ近代化は進行する。つまり、近代化の特性は、現存する様式や慣習、社会のあり方などを観察、批判し、より適合的なものに変えていくことにある。これを再帰性という。そして、この再帰性は国家や世界社会といったマクロな集団から個人の相互作用に至るまで、あらゆる動態に観察される (Beck, Giddens, and Lash 1994)。

　この再帰性のしくみにとって、メディアは重要な役割を果たしている。後期近代化の特徴は再帰性のほか、流動化、個人化を加えた3つに集約されるが、これらの特徴はインターネットやケータイの普及により深化している。1990年代の後半から、これらのメディアは日本で爆発的に普及する。特に、ケータイは、北欧や香港などと比肩する普及率を示していた。ひとくちにいえば、日本人の利用は、流動化する社会に適合した個人化する行動様式にマッチしたものであり、再帰性のスピードをより駆動していく役割を担っているようであった（羽渕　2006）。固定電話からポケベル、ケータイへと使用メディアが変化していく状況は、個人化という概念で説明できる変化を示していた。公共的な使用、公的な情報伝達のために設置された初期近代の集団的利用から、電話利用が劇的にプライベート化を果たし、最終的にケータイとその利用者は1対1対応することになった。この1対1対応するという事態がメディアと行動との連

22　第1章　現代日本社会をケニアで考えるということ

関を考える上で大変重要なことなのである。

　ケータイの利用歴や電話帳の登録番号やアドレスは、そのまま利用者の人間関係の履歴となる。ケータイの履歴さえ見れば、「友達とけんかしていたな」とか「恋愛がもりあがっていたな」とかいった内容やその時期をはっきりと思い出すことができる。友達関係も、何件の登録か、誰からよく連絡が来るのか、数量的に把握することができる。仲良しだが、連絡をとっていない友達を電話帳から見つけ出して、メールを送ることだってある。個人に対して、社会とのかかわりに関する再帰性を駆動するのだ。そして、この個人化と再帰性が帰結する行為が社会関係の選択であり、選択縁社会の登場でもある。

　しかしこのような状況は、ケータイを利用しているどのような社会でもありうることなのだろうか？　ケータイは新しいメディアであることから時系列的な分析は前史に比重がかかってしまう。ケータイそのものについて考えてみたいのであれば、社会文化的に異なる空間どうしを比較する必要があった。たとえば、日本ではメール利用が頻繁である。2002年、台湾人のメディア研究者が「台湾でも若者がメールを頻繁に利用している」と言っていたので、調べてみると頻繁とは、1週間に2、3通といった程度のことだった。インターネットでコミュニケーションする方が安いし、その時期の技術では漢字への変換が少々面倒だったからだ。同じ時期、韓国ではケータイで話しながら、テレビを見ながら、PCでチャットをしていることが普通に行われていた。北欧では、イヤホンを利用して電車や公共空間で突然しゃべり出す光景を頻繁に見た。「電車でケータイ通話してよいのか」と尋ねると「移動している時にケータイを利用しないでいつ利用するのだ？」と反対に尋ねられた。

　しかし、これらの社会は、細かな利用行動の差はあるが、基本的には同様の利用形態だといって差し支えないだろう。1人1台使用し、メールや通話を行い、ビジネスやプライベートでコミュニケーションをとることが目的であった。つまり、メディア論的な意味あいでの比較にはならないとわたしは感じていた。

　メディア利用と社会とのかかわりについて、M. マクルーハン（1987）の『メディア論』をはずすことはできない。この中で、彼は、近代的自己や近代的意識が、文字の利用と連関していることを指摘している。文字がなければ、メタ自己という自己を観察する自己は現象しない。自分で書いたものを書いた本人

自身が観察することによって、自己を判断するという行為が可能になるためである。音声のみの社会であれば、情報を発する先から消えていく。そのため、自分が発した情報を客観的に再度自分で吟味するという行為は不可能である。ここでは、世界に自己が包括されており、自己を観察するという行動は難しい。このような状況に規定され、文字普及以前は音声による呪術的な世界であったという。

　さらに、活版印刷技術の発明とも近代は深い関連があるとされている。活版印刷の技術によって、流布する情報量は格段に増えた。このことにより、人々の読み方が音読から黙読に変化し、情報取得の個人化が進んだという議論がある（佐藤 1996）。「メディアはメッセージである」というテーゼは、筆記、活字、電気メディア、電子メディアとメディア技術の発展とともに、社会のあり方、そして人間の感覚や意識、そして世界観が同時代のメディアによって規定され、変わるという意味をもっている。

　東アジアを含む日本、北欧、北米などは、基本的に同様のメディア技術発展を遂げており、マクルーハンが比較するような異なる社会というには、無理があった。同じ後期近代化を経験している社会であっても、文字や活字が使用されてこなかった社会、ガスや水道、電気などの生活設備が普及していない社会において、個人化や再帰性、流動化がみられるのだろうか。そして、普及が喧伝されていたけれども、本当にケータイは利用されているのだろうかという疑問を解くことができる場所はアフリカだった。

2　トゥルカナへ

　人類学における日本の巨匠、伊谷純一郎や太田至といった研究者が 1970 年代から北西ケニアの牧畜民トゥルカナの研究を行っている。トゥルカナは、ヤギやヒツジ、牛などの家畜を飼って生活している牧畜民である。1980 年に出版された伊谷の『トゥルカナの自然誌』には、アフリカの多くの場所でフィールドワークを行ってきた伊谷ですら、強烈な印象を受ける人々であり、感慨深い場所であったことが記されている。ここでは、2012 年でも小学校に行く子どもは少なく、電気やガスや水道といった設備のない状況で人々が暮らしてい

る。

　しかし、トゥルカナは日本人にとってなじみのある場所ではない。人類学者や開発経済学者、国際協力関係者など一部の専門家が知る場所であり、とてもマイナーな場所である。日本の社会学者が調査地として選択することはまずありえない。なぜトゥルカナなのか？　この答えはちょっと恥ずかしい、本当に「へたれ」なものである。調査地を選択する時、社会学的問いを立てて、先行研究にあたり、周辺領域の学問分野をあたり、より良い調査地を設定する。しかし、異文化社会における調査について、わたしは何のノウハウもなかった。そこで同僚のアフリカ研究者４人に、「連れて行ってほしい」とか「行ってみたい」と子どものようにあまえて、ことあるごとに頼んでみたのである。その結果、医療人類学者の作道信介氏が「60万円用意したらトゥルカナに連れて行ってもいい」と快諾してくれたのである。場合によって、わたしの調査対象は、エチオピアの牧畜民ガブラだったかもしれないし、ザンビアの農耕民ベンバだったかもしれない。可能性としては、狩猟採集民のピグミー（第６章参照）ということだってありえただろう。

　フィールドワークを行う際、調査地をどのように決めるのか、いろいろと指南されているが、多種多様である。先行研究を精査し、各種統計データや言説を収集し、調査対象地を決める正統派のやり方もあるが、趣味の旅行で決めてきた人、NPOやNGOなどのボランティア活動で出会った場所に決めた人、先生に指示された人、インフォマントのインフォマントに教えてもらった人などなど、偶然の出会いであることも多い。わたしの決め方はいかにも情けないが、インフォマントのインフォマントを頼るというこの方法が、早く調査地に近づくためには意外と有効だった。

　ナイロビからトゥルカナまで約800キロあり、さらにカクマという難民キャンプのある町から少し離れたフィールドである村まで15キロ程度の道のりがある。乾燥しており、気温は35度前後だろうか。半砂漠気候で体中が砂まみれになる。風が吹くと目や口に砂が入って大変なことになる。町にはシャワーつきの宿泊ロッジがあるけれど、フィールドでは、ジェリカン（水のタンク）に汲んでもらった水で水浴びすることが３日に１度できればよい方である。調査終了後、ナイロビのホテルについて、バスタブにつかると、洗浄した後でも毛

穴から砂が浮いてくる。

　町のホテルでは南京虫やダニと、半砂漠地帯のフィールドでは蚊やサソリやクモ、アタパタカンと呼ばれているシロアリのような虫との闘いが待っている。それ以上に、アカシアの一種である植物の棘がそこらじゅうにあり、この棘で車のタイヤはすぐにパンクしてしまう。もちろん、わたしもトゥルカナの子どもたちもこの棘にやられっぱなし、傷だらけである。

　トイレは、屋敷の外の茂みでするのが普通だが、隠れられるような場所はあまりなく、トゥルカナの女の人は、おしりを見せないように用をたすことが上手だが、わたしは月夜の晩になると白いお尻をぴかぴかひからせながら用をたす。もちろん、自分で自分のお尻を見ることはできないが、電気のない漆黒の闇の中で月に照らされる白いものは本当に光って見えるのである。悲しいことに、このような環境の中ではお腹をこわすものだ。何度も何度も、トイレ場所とテントとの片道3分の距離を往復することは、毎回調査で必ず覚悟しなければならない試練としてある。

　このようなフィールドで、本当にケータイが利用されていた。しかし、わたしは利用者を簡単には見つけられなかった。初ケニア、初トゥルカナであった2006年夏、利用者は、難民キャンプに隣接している地区に居住する20代の若者が中心であった。牧畜を生業とする若者ではなく、学校教員や商売人しかケータイの利用者はいなかった。わたしが寄宿していた家族やその親戚の中には1人しかいなかった。家族やその親戚には、学校に行ったことのあるものがいない。そのため、英語もスワヒリ語も通じない。足し算や引き算はできるが、掛け算と割り算はできない。そのかわり、家畜の扱いはすばらしく上手だ。ヤギもロバもラクダも本当によくいうことをきく。

　日本のマスメディアでは、ケニアのマサイがケータイを利用して牧畜をする状況を報じていたが、わたしの観察してきた利用はそのような絵になる「かっこいい」ものではない。砂だらけの環境で、ケータイのデバイスはボロボロに傷つき、液晶は壊れていることが多く、メールや電話番号表示が読めないものは珍しくなかった。通話料金が支払えないため、頻繁に利用しているわけでもなく、通話も「子どものミルクを買ってきて」とか「ヤギの値段は？」とかそれほど変わった内容でもなかった。

 26　第1章　現代日本社会をケニアで考えるということ

3　M-PESA の衝撃

　2年目の2007年夏の調査では、スムーズに物事が進むようになっていた。前年度に調査許可証をとっておいたので、その面倒な手続きもなく、さらに懸案だった企業の技術者にも、日本学術振興会ナイロビセンターの協力を経てインタビューを行うことができた。ただし、情報提供について、匿名にするよう念を押された。トゥルカナ現地のインタビュー調査も20人程度行うことができた。
　トゥルカナでは珍しく小学校3年生までいったエルジュクは、自転車を購入し、ケータイを利用して商売をしていた。数百kgのメイズやソルガムといった穀物をのせ、1日に150kmから200kmくらい自転車をこぐのだという。灼熱地獄のトゥルカナでそんな重労働は想像しづらかったが、彼は電話でそれぞれの町の市場を確認し、高く売れそうな場所に食料を運び儲けていた。この時に家計調査を同時に行っていたが、商売を行うといっても、銀行の口座をもっているわけではなかった。彼らのいう商売とは、基本的にモノと現金のやり取りであり、貯蓄とは現金をためておくことではなく家畜を飼うことを意味していた。エルジュクは商売で儲けたお金は、生活費を除き、すべて家畜にして所有していた。
　この時点で、その後、劇的に状況が変わることにわたしは気がつかなかった。確かに新聞では、ケータイで銀行口座のような金銭管理システムが完成し、ケニア政府がその営業を許可したことが報じられていたが、「日本にもおサイフケータイがあるし、そのような類だろう」と重大さを認識していなかった。
　2007年秋、サファリコムが世界初、モバイルバンクであるM-PESAのサービスを開始した（第9章参照）。このことによって、2008年夏の調査は牧畜民の社会関係から商売のやり方に関するものが中心となる。いつもの通り、トゥルカナの中心地であるロドワに到着し、居酒屋でお酒を飲んでいると、1人の20代の青年が話しかけてきた。トゥルカナ観光協会会長だという。といっても、トゥルカナで個人の観光客を見かけることはめったにない。もちろん、団体の観光客がロドワに来ることなどほぼありえない。そしてトゥルカナ観光協会には2人しか会員がいないという。身ぎれいにしており、英語も流暢に話す。
　この時、彼はケータイを利用していなかったが、友達を紹介してくれた。ピーターというカラコルの漁師ファミリーの長男である。カラコルはトゥルカナ湖

畔の村であり、漁業が盛んである。ノルウェーや日本の漁業技術支援が2000年前後に行われていたこともあるようだ。立派な設備を持っている魚加工工場の廃墟があり、なぜ利用できないのか、日本人のわたしには不思議になる。トゥルカナ湖では、ナイルパーチやティラピアなど、年間4000トンほどの漁獲量がある（日本貿易振興機構　2011）。

　ピーターはセカンダリスクールを卒業して、漁師である父親と弟とともに魚の商売を始めたという。すっかりわたしは信じこんでいたが、彼がセカンダリを卒業したというのは嘘であった。とにかく、彼はロドワに住み、父親がとった魚をマタツというミニバスを利用してロドワに送ってくるため、それを受け取り、ロドワで売ったり、ビクトリア湖畔のキスムの町へ送ったりする商売をしていた。彼がM-PESAを利用し始めた理由はキスムの人々と商売をするために必要だったからという。10シルの魚がキスムでは30シルで売れるのだという。ビクトリア湖があるのに、なぜトゥルカナ湖の魚が売れるのか？　と聞くと「美味しいからだ」と答える。本当かどうかはわからないが、ビクトリア湖の魚よりもスイートで汚染されていないのだと一生懸命説明してくれる。

　カラコルではネットワークが通じておらず、ケータイを利用することができない。だから、ピーターがロドワに単身赴任し、家族のために商売をしているのだという。1ヵ月に約1万5000シル（当時で約2万円）の利潤があり、毎週のようにキスムに魚を500匹ずつ送っているという。そして支払いはすべてM-PESAで行われる。現金を長距離所持しなくてすむし、自分がキスムに行く必要が減って、本当に便利だという。そして、毎日のようにキスムのお客さんたちと通話をしているのだという。

ケータイの電話帳には31人のお客さんの電話番号が登録されていた。

　携帯電話会社の広告宣伝において、「ケータイを利用してビジネス成功」などといううたい文句がついたポスターを見ることがあったが、半信半疑であった。しかし、

28　第1章　現代日本社会をケニアで考えるということ

2008年のこの時、通話や文字のコミュニケーションでは商売に直結しない、と考えていたわたしも M-PESA なら今まで苦しい生活を強いられていたトゥルカナの人も商売ができるようになるのかもしれない、とドキドキしたのだった。そして、ピーターは「家畜ももちろん持っている」と教えてくれた。これは、グラミンフォンやビレッジフォン（コラム2参照）と比較しても、直接的に利用者の経済活動をサポートするシステムだ、ともわかった。

4 近代の貧困へ

　しかし、2009年夏、わたしの期待はすっかり裏切られる。いつものようにロドワの居酒屋でお酒を飲んでいるとピーターがやって来た。昨年会った人とは別人のように表情が暗い。声も小さく聞き取りづらいしゃべり方になっている。ケータイについてまず尋ねると、売ってしまったということだった。
　ピーターが単身赴任をしている間に、彼の妻はほかの男と浮気をして、彼の貯蓄をもって逃げてしまったということであった。そして、さらに胃潰瘍になり、その薬代が高くてしかたがないという。ケータイがないので、魚の商売もしていないということであった。現在は、ロドワで何か職を探しているが見つからず、アクセサリーなど小さなものを作って売ろうと思っているとぼそぼそと話す。家族関係が悪化し、カラコルに帰れない、という。どこまで本当の話なのかわからないけれども、とにかくケータイはなく、商売もなく、家族も失い、健康も害していることは確かだった。
　しかし、トゥルカナの魚はその年もきちんと水揚げされており、別の町へ運ばれているということであった。1990年代後半からビクトリア湖近辺の民族、ルオーの人々が徐々にトゥルカナに移り住み、魚を売買しているということもわかってきた。キスムの町へトゥルカナから魚を送っていることは確かだったのだ。M-PESA が導入される前、家族経営の漁業ではピーターのような仲立ちの仕事が必要であっただろう。カラコルから中継地のロドワを通って、最終消費地へ魚を届ける時、ロドワでの役割は大きい。しかし、通信や金融サービスが整えば、そのような中継の重要性は低減するだろう。またキスムやナイロビといった最終消費地の商売人が直接カラコルに買いつけに来ることも、より簡

便になる。そして、ピーターは、たった1年、家族と離れ単身で生活している間に家族との距離ができ、運悪く、家族や親族との関係が悪化してしまったのだろう。そして、ホームベースであるはずのカラコルへ戻ることができず、仕事もなく、街の無職者としての生活を余儀なくされている。確かに近代的な都市生活は、単身でも生きていく可能性がある。分業が進展し、生活に必要なものはお金さえあれば何でも手に入る。しかし、現金収入の道がなければ、誰もかかわりをもってくれないし、助けてもくれない。

　グラミンフォンやビレッジフォンの成功によって、ケータイが貧困救済のスターのように扱われてきた（コラム2参照）。そして、BOPビジネス（第9章参照）などが注目され、ケータイもウィン-ウィンのビジネスの一翼を担っているのだというあおり文句は必ず耳にする。しかし、ケータイが一直線に貧困層を救済することなどありえない。ケータイが何かに役立つとするならば、良い人間関係をもっている人にのみ機能する。これは、社会関係資本論から考えてみるならば、当たり前のことである。そもそも、人間関係をもたないから、貧困に直面しているのであり、社会集団に包摂されているならば、ケータイを持つと持たざるとにかかわらず、問題があっても何とか対処されるものなのだ。

5　互助関係に接合するメディア

　毎年、トゥルカナの干ばつが気になる。食糧援助が入っているため、家族や親せき、友人たちがまったく食べられなくなるということはないと知っているのだが、心配でしかたがない。家畜のいないトゥルカナは本当に元気がない。家畜が減少したから、貧困に直面したから、といって、すぐに生死に関わる深刻な問題が個人に襲いかかるわけではない。集団で生活し、互助関係がしっかりしていれば、最貧困層に転落することはない。前節のピーターとみんなで村の生活をしているわたしの寄留先の家族とを比較すると、明らかに村の住民の方が幸せにみえる。どちらも毎日の食糧に頭を悩まし、将来どのように生きていこうか、という問題に直面している点では同じである。しかし、互助関係の中で生活しているぶんには、都市における孤独と貧困、という問題はない。都市化が成熟し、都市的なライフスタイルを身につけた人間ばかりいる場所では、

友人関係、選択的人間関係の中に生きるという可能性が見出せる（Fischer 2002）。しかし、地縁や血縁といった非選択的な人間関係が基盤として主たる社会関係が形成される社会においては、たとえ都市で生活していたとしても、この互助関係によって、生活が支えられている。そして、その互助関係から離脱して生きていくことはできない。したがって、メディアもこの互助的な人間関係と接合したかたちで普及していく。

　近代化の手先である教育にも同様のことがいえる。これまで、誰も学校に行くことがなかったトゥルカナのわたしの家族でも、家長が子ども達の未来を案じた結果、6人きょうだいの長男が小学校に通うようになった。しかし、牧畜をする子どもと学校に通う子どもとの経験が接合することがあるのだろうか。教育を受けた人間は、ローカルな生育地を離れ、都市へと移住していくことはないのだろうか。そして、そのまま生育地には戻らない人になるのではないだろうか。このようにして、教育によって、共同体が分断されていくことは珍しいことではないだろう。ナイロビには数多くの出稼ぎ者がいることで有名であり（松田　1996）、トゥルカナでも出稼ぎは一般的なことである。ただし、教育を受けていないトゥルカナはスワヒリ語や英語ができないため、ナイロビやキタレといった町に出かけても仕事がない。したがって、トゥルカナで生活する以外に選択肢はあまりない。冒険をおかして都市に出た場合、無職者という顛末が待ち受けている。教育を受けたものは、都市への移動の可能性をもつが、この場合も運よく金銭的な援助を得たり職を得たりすることがなければ、あっという間に食い詰めてしまう。そしてその一方教育を受けていないものは、干ばつの中で牧畜を継続する。

　同時期を生きているにもかかわらず、共同体から離れることができない、もしくは共同体から離れることによって厳しい生活を強いられる状況において、教育だろうとメディアだろうと、個人、もしくは社会集団の誰にでも簡単に救済を施してくれるようなものではない。

6　互助的人間関係の基盤の上に

　ケニアでケータイが普及した一番の要因は、エアタイムシェアサービスだと考えている。プリペイド形式でのケータイ利用をするので、課金されている通

話料金を別の利用者と授受することができる。多くの利用者は、ほとんどの場合、通話やメールをする必要がある時に、50シル、100シルといった少額のカードを購入し、ケータイを利用する。それでも足りなければ、家族や友人に頼んで、電話代を分けてもらうのだ。これにより、電話できる金持ちとできない貧乏人という格差を解消し、貧乏でも人間関係さえあれば電話できる状況が生まれる。携帯電話会社は利用してもらうことで利潤が生まれるため、支払いはどこからでもかまわないのだ。現金収入のないトゥルカナがケータイを利用する場合、家族や友人、知人に電話代を援助してもらうことが必須要件である。人間関係を構築していなければ、ケータイを利用することはできない。

　このようなシステムは日本や韓国で構築されることはない。財を分けあって、助けあって生活していくという共同体的発想や感覚からは程遠い都市的生活が浸透しているためだろう。それ以上に、共同体では、ものの所有に関わり、共同で管理するという点が重要なのだろう。トゥルカナの初調査、夕刻にフィールドでテントを張ろうとしていた時、お世話になる家族だけでなく、近所の人や親せきなど数十名に囲まれて、テントはあっという間に建てられ、荷物が運びこまれた。自分のバッグや生活必需品の入ったものをはじめて出会う人が勝手にさわることに妙な違和感を覚えていた。わたしの住居環境を整えてくれているのだ、ということはわかっていた。そして、トゥルカナの民族誌を読んでいるにもかかわらず、「わたしのもの」をさわられることについていやな気分をその時はぬぐうことができなかった。ある時、トゥルカナでわたしのボールペンをよく知らないおじさんがさわっていた。男性が苦手だということもあるが、いやな顔をしていたのだろう。彼は「自分は泥棒じゃない」と言って怒ってしまった。

　所有について、社会科学や哲学においてさまざまな論考がある。しかし

この時まで、頭ではわかっていても、自分自身がこれほどまでに私的所有にこだわる心性をもっているとは思わなかった。トゥルカナの多くの人々はケータイを共同利用している。1対1対応はしていない。もちろん、SIMカードを各々で所有することは一般的だが、デバイス機器は共有であることが多い。その電話帳にはさまざまな人の連絡先が登録されている。自分自身の友人や親せきだけでなく、家族の友達、隣の家の人の家族や友人、行政の役人、と雪だるま式に電話番号登録が行われている。

　共同体的人間関係の中で生きることは、存在論的安心につながる。しかし、このことは個人の勝手な意思決定を許さないということでもある。ある裁量の中で自由はある。しかし、社会の中で、ルールを守って生活し、勝手なことをしないということと、ケータイを含め、さまざまなものが共同で管理されているということは、表裏一体だともいえる。

　ケータイ利用行動の調査は、私的所有が深化し、モノと人間との1対1対応が進む個人化した社会とモノの共同利用、共同管理を行う社会との比較調査に帰結した。狩猟採集民、牧畜民、農耕民といった生業区分があるけれども、生業（コラム6）によって異なる所有の感覚は想定しやすい。しかし、ケータイという単なるコミュニケーションメディアが、共同体的な社会関係と個人化した社会関係とではまったく異なる扱われ方になるということは、ケータイが個人の行動のみならず、社会の様相まで写す鏡という機能をもっているからにほかならない。

7　個人化の果て

　トゥルカナのケータイ利用行動は、主にビジネスや生活経営のためにある。自身の性格や他者からの評価をはかるために利用されている様子は観察されなかった。また、社会関係を個人が主体的に選択していくようなそういった事例もみられなかった。ただし、ケータイが貧困層に対する救世主のような役割を果たしているわけでもなかった。そして、これらのことはケータイに映った社会のありようだということであり、ケータイが社会を変容させているわけでも、人間行動を劇的に変えているわけでもなかった。こういった鏡としての機能を意識して、

利用するという再帰的行為は、個人化の進んだ社会に観察されるものなのだろう。

　個人化した社会だと目される日本社会において、ケータイがもつ社会の鏡としての機能を人々が利用するということは、個人でそれなりの労力を払わなければ社会の中にそれぞれの場所を見つけることができないことを意味している。この場所を見つけられずに社会関係の網の目から外れることは、単に人間関係をもてなくなることを意味するのではなく、生計がおぼつかなくなることを同時に意味している。しかし、流動化する社会の中で個人がどのように自分自身をプロモーションしていくのか、決まった方法があるわけではなく、社会関係を認識し構築する能力が誰にでもあるわけでもない。

　共同体的な地縁や血縁に結ばれていれば、このような能力がなくとも社会関係の網の目の中に場所を用意してもらえる。この関係からの離脱を図らなければ、生きていく契機は見つかる。一方で選択縁の中に安心感は見い出せない。つまり、選択縁社会は、一部エリートたちの特権だとも考えられる。経済力や情報収集能力、判断するための専門的知識をもつ友人ネットワークをもっていれば、つきあいたくない人間やさまざまな意味で手間のかかる人間を切り捨てて生きることもできるだろう。しかし、そのような力を維持し、恒常的に継続できるとは限らない。行為の失敗によって、もしくは災害や戦争などによって、自身が他者からまったく選択されなくなるという可能性がないわけではない。日本の貧困問題や自殺に関する論考において、個人の能力をもとにがんばってきた人間は、失敗した時に援助を求める技術をもたないという仮説がある。失敗したり、困ったことが起こったりした時、援助を求める先がわからない、求める先があったとしても援助を求めるコミュニケーション術をもたないがゆえに、望まない状況へと転落してしまうという。それと比較するならば、地縁や血縁などの非選択縁は、つきあいたくない人間とのつきあいも強制されるが、自身の行為の失敗によって起こる排除や望まない状況への転落をかなりの程度防いでくれるのだろう。

　ケータイというメディアは、人間関係選択の増大した社会を映しだす。地縁や血縁といった共同体的な人間関係を超えて、利用者のつながりたい相手とのコミュニケーションを可能にしてくれるからだ。そして、このメディアは明らかに選択的人間関係の構築へと方向づける特性ももっている。テレビや新聞と

いった古いメディア利用では個人が選択していない情報にも接することになるが、ケータイやインターネットでは自身の選択した情報、選択した相手とのコミュニケーションに完結し、他者の排除や都合の悪い情報の排除が可能である。多様性は逓減し、情報は偏ることになる。しかし、これは多様なメディアが並存し、情報が氾濫するなかでの個人の新しいシェルター的な空間として機能しているとも理解できる。また同じようにケータイが普及しても各社会によって利用はさまざまであり、さらに同じ状況に技術と社会関係が不変にとどまることはない。たかだか6年間のフィールドワークであっても、毎年のようにケニア社会の状況は変わる。したがって楽観的にみるならば選択縁社会の中で新しい共同体的空間を創造するためには、このような過渡期もあるのだと見通すこともできるだろう。

(羽渕　一代)

＊参考・引用文献

Beck, Ulrich, Anthony Giddens, and Scott Lash, 1994, *Reflexive Modernization : Politics, Tradition and Aesthetics in the Modern Social Order*, Cambridge, UK: Polity Press.（＝1997, 松尾精文・小幡正敏・叶堂隆三訳『再帰的近代化：近現代における政治、伝統、美的原理』而立書房.）

Fischer, Claude S., 1982, *To Dwell among Friends : Personal Networks in Town and City*, Chicago : University of Chicago Press.（＝2002『友人のあいだで暮らす――北カリフォルニアのパーソナル・ネットワーク』未来社.

Giddens, Anthony, 1990, *The Consequences of Modernity : Modernity and Utopia*, Cambridge, UK : Polity Press.（＝1993『近代とはいかなる時代か？：モダニティの帰結』而立書房.）

伊谷純一郎, 1980,『トゥルカナの自然誌――呵責なき人びと』雄山閣.

松田素二, 1996,『都市を飼い慣らす　アフリカの都市人類学』河出書房新社.

McLuhan, Marshall, 1964, *Understanding Media : The Extensions of Man*, New York: McGraw-Hill; London: Routledge and Kegan Paul.（＝1987, 栗原裕, 河本仲聖訳『メディア論――人間の拡張の諸相』みすず書房.）

日本貿易振興機構, 2011,『BOPビジネス潜在ニーズ調査報告書』

Chapter 2 道路をバイパスしていく電波
マダガスカルで展開するもうひとつのメディア史

　ケータイの出現で、わたし達のくらしはずいぶん変わった。そのことは、多くの読者が実感しているだろうし、本書の各章も述べていることだろう。ただし本書の主張は、それにとどまらず、ケータイが世界の構造をも変え続けているということである。だからこそ、本書は、第三世界で特有のケータイ利用にも着目し、第三世界のあり方そのものが変化するという予兆も示している。本章では、そうした予兆のひとつとして、地域どうしの結びつきが変化してきていることを述べたい。

　具体的にいうと、ケータイが普及する以前の第三世界の村落では、諸外国など広い世界と結びつこうとした時、地域の中心を経由しなければならなかった。ところがケータイの普及により、村落部の人たちは、居ながらにして世界と結びつくことになった。この結果、国の首都から州都、地方役場所在地、村落などへと順々に情報が拡散していく階層構造が崩れ、大きな町に情報が集積される必要もなくなった。こうした変化について、外国から村落部へ移動することの多い、フィールドワーカーの視点から述べてみたい。

1 衛星電話の衝撃

　わたしが変化に気づき始めたのは、1999年のことだった。マダガスカルの一漁村で調査を始めてから、4年あまり経った頃である。わたしはまだ大学院生で、調査地の小さな村のことについて、日本で唯一知る者だと自負していた。調査地の人たちに多くを学び、彼らを尊敬し始めていた当時、それは当然だったかもしれない。一方で、自覚が足りなかったこともある。そうした人たちのくらしを紹介することが、ある種のビジネスになりうるということである。だが実は、彼らをよく知るという自慢を突きつめれば、そうしたビジネスを独占できるという利己心にも結びついていたのかもしれない。

　1999年、わたしと調査地の関係は、決定的に変化した。わたしが調査地の

漁師をある写真雑誌で紹介したのを見て（飯田 1998）、放送局のディレクターがこの場所を取材したいと言ってきたのである。わたしが雑誌に載せた写真には、手づくりのカヌーが写っており、その上にカヌーと同じくらい大きなシュモクザメが横たわっていた（写真）。これを見て、そのディレクターは、徒手空拳で巨大ザメと格闘する漁師を撮影できると期待したのだと思う。実をいうと、こんなに大きなサメはしょっちゅう捕れるわけではないのだが。ディレクターが撮影に行く前、わたしは、首都のアンタナナリヴや調査地に住む知人の連絡先を教えた。

　調査地を知る日本人がわたしだけでなくなったこと、そして、わたし自身がそうした状況を導いたことは、わたしと調査地との関係を大きく変えた。わたしが調査をしていた当時、調査地の人たちは、わたしを通じて広い世界のことを知るようになった（と、わたしは思おうとしていた）。しかし、わたし以外の外国人を紹介してから、わたしは、彼らと世界とのつながりをコントロールするのをやめたのである。それが良いことなのかどうか、当時はわからなかった。いずれにせよ、わたしにとって調査地は、それくらい世界の動きと無関係であるようにみえていた。

　第二の変化は、そのすぐ後に起こった。ある日、大学の研究室の電話が鳴り、そばにいたわたしが受話器をとった。「もしもし」と呼びかけても、相手は「アロ、アロ」としか言わない。しばらくしてわかったのは、それがフランス語圏で電話応対する時の呼びかけであること、電話の相手がマダガスカルからかけていること、そして、声の主がわたしの調査地の知人だったことである。

　そこでようやく話が始まって、徐々に状況を理解できるようになった。相手は、世界の僻遠だと思われた調査地から通話していた。使っていたのは、ディレクターが持参していた衛星電話、イリジウムだった。この衛星電話サービ

は、その前年の1998年に始まったばかりである。電子信号に変換されて届く知人の声は、実際とはちがっているように聞こえた。

　互いの知人の安否を確認しあうのに、10分以上もかかっただろうか。それから、次にわたしが調査地に行った時持参すべきみやげ物や、わたしの調査項目などについての話が続いた。かれこれ40分ほども通話していたように思う。電話を切ってから、ようやく、そばにいるはずのディレクターと話していないことに気づいた。そして、イリジウムの通話料の高さを想像してみて、もっと早く電話を切ればよかったと思った。

2　1990年代の電話事情

　しかし今から思えば、わたしの興奮も無理からぬことだった。調査地はおろか、地方都市からも、首都のアンタナナリヴからも、日本にいるわたしにまで国際電話が届いたことはなかったからである。

　調査地から50キロメートル離れた地方都市には、電話がなかった。いや、かつてはどうもあったらしい。周辺地域の漁民が食糧を買いに集まるこの町には、ディストリクトの役場や郵便局、憲兵駐屯地などがあり、中央との連絡が欠かせない。いくつかの役場や商店の看板には、2桁の電話番号が書かれていた。独立を果たした直後か、社会主義を始めた頃の時代、つまり1960年代から70年代頃のものと思われる。しかし、1980年代には国の財政が困窮をきわめたから、都市間を結ぶ電線の維持などができなくなったのだろう。あるいは、もともと市内でしか通話できなかったのだろうか。

　そこから260キロメートル離れた州都では、1990年代当時も電話を使っていた。しかし、公衆電話はまだなく、市民どうしが連絡をとるため電話を使うことはほとんどなかったと思う。当時の旅行者向けガイドブックを見ると、有名だったふたつの高級ホテルの欄に5桁の電話番号が記されているが、他のホテルには表示がない（Bradt 1992: 153）。

　このガイドブックでもうひとつ興味をひいたのは、電話のあったふたつの高級ホテルの欄に、合わせて私書箱番号が表示されていることである。つまり、電話番号の表示の横には必ず私書箱番号があって、どちらか片方だけが表示さ

れているということがない。これは推測にすぎないが、ホテルの部屋を予約するために、電話だけでは不確実な場合があるため、郵便でのやり取りも必要だったのではないだろうか。

　首都アンタナナリヴに行くと、さすがに電話のあるオフィスは多くなる。しかし、自宅に電話を持つ人はほとんどなかっただろう。当時知りあった研究者の中には、地位のある大学教授や行政担当者もいたが、名刺に書いてあるのは例外なく職場の電話番号だった。自宅の住所が書いてあることはあったが、自宅の電話番号はまず見かけなかった。

　この頃は、仕事のための面会でアポイントメントをとるという習慣はなかったと思う。もしそのような習慣があれば、まず職場に電話をかけなければならないが、大学教授などの場合には、必ずしもその場でつかまるとは限らない。だから、こちらのホテルの電話番号を応対者に伝え、本人に電話をかけなおしてもらう。その日に電話があればよいが、2～3日経って電話があることもある。そこでアポをとって、場合によっては2～3日待つ。こんな調子だから、人と会う用事がある時には、十分な時間をとらなければならなかった。アポなしの場合でも、最初の訪問で会えるとは限らないから、時間がかかることには変わりない。マダガスカルに行く時は、関係者と会うために、必ずアンタナナリヴで1週間ほど滞在したものだった。

　現在ならば、こんなことをする必要はない。マダガスカルに行く前、会おうと思う人全員に日本からメールを送っておき、アンタナナリヴ空港からダウンタウンに向かう途中で電話して、こちらの予定を伝える。フェイスブック（Facebook）をうまく使って、ネット記事1本で告知をすますこともできる。これがうまくいけば、その日のうちに2～3件の面会をすませて、次の日に地方へ向かうことだって不可能ではない。

　現在はわたしも定職に就き、長期にわたる渡航はできなくなったが、通信の改善のおかげで待ち時間をずいぶん短縮できるようになった。ありがたいことである。

3 村落部の状況——2009年頃まで

　近年の電話状況を記そうと思うが、アンタナナリヴに関して、書くべきことはほとんどない。日本の状況とそれほど違わないからである。アンタナナリヴ市内では現在、3つの携帯電話会社がそれぞれにサービスを展開し、かなりの割合の市民がケータイを所持している。固定電話の契約数はあいかわらず少ないようだが、ケータイがあるのでそれほど問題にならない。ちなみにインターネットについてみると、自宅での普及率は低いようだが、ネットカフェでの定期的利用者は少なくない。

　わたし自身がマダガスカルでケータイを使い始めたのは、2007年のことだった。その時使った会社は、フランスの携帯電話会社オランジュの系列会社オランジュ・マダガスカルだった。ウェブサイトによれば、この会社が設立されたのは1997年だから、それから10年も経っていたことになる。それでも、この時は通話エリアがまだ広くなく、アンタナナリヴをはじめとするいくつかの町でユーザーが増え始めたばかりだった。だがアンタナナリヴでは、研究者をはじめ、わたしの知人である都市中間層はすでにほとんどケータイを使うようになっていた。

　アンタナナリヴの電話状況についてはこの程度でとどめ、以下では、村落部における状況の変化を詳しく述べていきたい。15年前は、首都でも電話を持つ人が少ないくらいだったから、村落部の人たちの通信不便はなおさらだった。たとえば、わたしがマダガスカルに着いても、村落部の知人がそれを知るのはずっと後である。わたしはまずアンタナナリヴで数日を費やし、州都で数日を費やし、ディストリクトの中心ではじめて村の誰かと出会い、村の人たちに来意をようやく伝言できた。

　もっとも、これには良い面もあった。村への地理的な接近がゆっくりだったため、村への心理的な接近を徐々に行えたからである。日本を発つ前、わたしはしばしば準備や原稿書きに追われていて、村のことを思い出す余裕などない。アンタナナリヴに着いてはじめて、調査しようと思う項目を整理し、みやげの不足分を買いたす余裕ができる。州都では、みやげに持ってきた写真を整理する。場合によっては、前回行ったセンサス（戸別調査）の整理をここでやるこ

ともある。要するに、調査地のことを考えられないほど日本で忙しくしていても、調査地に近づいていくうち、頭の中が調査地モードに切り替わっていく。こうしたリハビリ期間がとれることは、通信が未整備であることの数少ない利点だったといえよう。

　2009年にわたしが村を訪問した時は、すでにケータイを持っていたため、アンタナナリヴや州都での滞在は短くてすんだ。しかし、基本的には上に書いたように、村に近づくまで村との関係が始まらなかった。一方で、マダガスカル国内の通話エリアは拡大しつつあったから、村が通話エリア圏内に入るのは時間の問題だと思えた。

　村の人たちも、わずかではあるがケータイを使い始めていた。しかし、調査地の村はどの会社の通話エリアにも入っていないので、村の人たちが通話するのは村を出た時に限られる。村にいる家族との連絡も、依然ままならなかった。けっきょくケータイのユーザーは何をしていたかというと、どうやら、村の外にいる愛人と連絡をとりあって浮気をしていたようだ（飯田　印刷中）。これはこれで便利ではあるが、村にケータイを普及させる力にはならない。

　いつ村でケータイが使えるようになるのか、わたしはまったく知らなかったが、親しかったルシー（仮名）にケータイをプレゼントすることにした。ケータイを使う友人がひとりでも増え、村の外であれ電話を使う習慣が広まれば、わたしと村の距離はわずかながら縮まる。そんなことを期待していた。

4　2010年のケータイ革命

　ルシーにケータイをあげたことの効果は、翌2010年7月の調査でてきめんに現れた。この時わたしは、ルシーの住む村とは別の地域で調査することを予定しており、村を訪れる時間的余裕はなかった。しかし、漁師であるルシー達は、この季節になると海岸線沿いに北上し、魚の多いところで数ヵ月にわたるキャンプ生活を営むことがある。最後に会った時の話では、マインティラヌあたりに行くと言っていた（図2-1）。マインティラヌは、国内22の地域圏のうちメラキ地域圏の行政的な中心だから、すべての電話会社の通話エリアに入っていておかしくない。おまけに、アンタナナリヴから車を乗り継げば2日がか

第4節　2010年のケータイ革命　*41*

図2-1 本章に登場するマダガスカルの地名

りでマインティラヌへ行けるはずなので、時間を調整しさえすれば往復する余裕があるかもしれない。そこで、マダガスカルに着いてしばらくの間、首都近辺での仕事をこなしながら、ルシーに連絡をとってみた。

　電話がつながった時、ルシーはマインティラヌでなく、地方役場の所在地ムルンベにいた。これからマインティラヌ方面に漁に出かけるが、ムルンベの知人を訪ねるために逗留しているのだという。マインティラヌは、ムルンベからさらに400キロメートルほど北に位置する。わたしは彼らのキャンプを訪ねたいと希望を伝えた。この時は互いの予定が不確定だったので、ルシーがマインティラヌに着いてから連絡をとろうと約束して電話を切った。

　8日後にルシーがマインティラヌから電話してきた時、これから通話エリア外の島に行くと彼は告げた。その後の予定が変わっても、マインティラヌの知人に伝言しておけば、それに合わせて迎えに行ってやるということだった。わたしは、マインティラヌに住むルシーの知人の電話番号を書きとめ、1週間あまり後にマインティラヌに着くだろうと伝えた。

　その後の経緯は別の機会に記したので省くが（飯田　印刷中）、けっきょくわたしは、マインティラヌへ行ってルシーと落ちあうことができた。マインティラヌに足を踏み入れたのは、この時がはじめてである。アンタナナリヴから調査地の村へ行き、出漁先を確認してから彼らを追っていたら、片道だけで2000キロメートルちかくを移動しなければならなかっただろう。しかしケータイのおかげで、600キロメートルほどの移動ですんだ。おまけに、ルシーと落ちあったのち、マインティラヌから陸路と航路を乗り継ぎ、ルシーたちがキャンプ漁をしていた無人島に行って、簡単な調査まで行うことができた。

　この時の経験で、ようやく、ケータイによってわたしと調査地の村とが本格的に距離を縮めてきたと実感できた。しかも、わたしは、訪れることのなかっ

たマインティラヌに行くこともできた。マインティラヌへ行かなかったのは、道路が未舗装で陸路が不便なためだと思っていたが、実はそうではなかった。そこには知人がいなかったし、行き方を尋ねる相手もいなかった、つまりは情報がなかったから行かなかったのである。しかしルシーは、マインティラヌの知人をわたしに紹介し、直接に情報を得る便宜をはかってくれた。それができたのは、交通が良くなったためではなく、通信が良くなって人と人とのつながりが広がり、同時に密になったためである。

　交通より通信が急速に発達したことは、日本の社会がそれほど実感しなかった変化ではなかろうか。これから数年ないし十数年の間、この変化は、マダガスカルにとって大きな意味をもっていくだろう。また、他のアフリカ諸国や第三世界と呼ばれてきた国々についても、同じことがいえるだろう。これについては、次節以降で詳しく論じたい。

　後になってわかったことだが、上記のことがあった2010年は、村の人たち全員が記憶すべき年となった。村が通話エリア内に入ったのである。2011年1月に村を訪れて話を聞くと、どうやら2010年10月頃にアンテナが立ったようである。だとすると、わたしが村を訪れた時、通話エリア内に入ってから3ヵ月ほどしか経っていなかったわけだ。

　この時点でケータイを調査してみると、少なくとも既婚者16人と未婚者11人が早くもケータイを利用していた。わたしの計数によると、村の既婚者は161人だから、そのほぼ1割がケータイを利用していたことになる。このようにケータイが急速に普及した最大の理由は、調査村の人々の多くが漁業に従事しており、ルシーのように季節的に村を離れて漁を行っていたことにある。遠く離れた家族や親族の間で、ケータイは広まるべくして広まったというべきだろう（飯田　印刷中）。

　なお、この漁村のケースは特に著しいとしても、マダガスカルでのケータイ普及は一般に目ざましいようだ。巻末の付録をみても、マダガスカルのケータイ加入者増加率は、毎年74.4パーセントに上る。これは、アフリカ地域でみると、ギニアに次ぐ第2位の増加率である。

5 個人にとってのモバイル機能

　20世紀終わり頃になってから、交通と通信の発達が地球のサイズを急激に縮めたといわれるようになった（たとえば、Virilio 2002）。しかし厳密にいえば、これらのインフラは世界じゅうどこでも均質に発達しているわけではないし、整備される一方だとも限らず、政治経済的な理由によって劣化することもある。
　わたしの調査地に近い地方役場の所在地ムルンベでは、有線の固定電話がいったん普及したものの、わたしのマダガスカル通いが始まる頃には、もはや使うことができなくなっていた。これは通信の例だが、交通も同じである。大規模灌漑プロジェクトが進められた独立直後の時代には、ムルンベと州都を結ぶ陸路の一部が舗装されて、トラック輸送の開始を促した。しかし、その後に維持がゆき届かなくなり、穴あきだらけのまま放置されてしまった。21世紀に入ってから、道路の補修が進んだ地域もあるが、ムルンベの道は残念ながらそうではない。260キロメートルの距離を、バスは1日がかりで走る。雨が続いて道がぬかるむ季節は、1週間もかかることがある。
　日本の場合、いったんできたインフラは、どんなことがあっても原則として維持される。したがって、マダガスカルのようなことはなかなか起こらない。しかし、災害などでインフラが機能しなくなり、グローバルな人間活動のリズムから被災者が一時的にとり残されることはある。これは、日本社会では例外的なことと見なされているが、世界的にみてそれほど珍しいことなのかどうか、あらためて検討し直されてよい。
　それはともかく、マダガスカルのインフラ整備が日本の場合と著しく異なる点は、先にふれたように、交通の整備より通信の整備がかくだんに利便性を高めたということである。一般に、郵便というものは、宿場町から宿場町へ手紙や荷物をリレーすることから始まる。つまり、陸路が発達し、宿場町が形成されることが前提となっているのである。海を越えて届けられる郵便も、いうまでもなく、航路の発達を前提とする。マダガスカルでは、こうした一般的事例と違って、交通が20世紀的水準にとどまったまま、通信が21世紀的水準に突入したのである。
　こうした変化は、具体的に何を人々にもたらすのだろうか。まず考えられる

のは、わたしの経験が示すように、時間と移動距離が節約できるということだろう。電話が普及すれば、会わずに用件をすませられるので、これはある意味で当然である。しかし、ここでいうのは、そうしたケースにとどまらない。予定のわからない相手と会おうとする時、互いの予定が決まってから連絡をとれば、相手のいない場所へ何度も通う手間が省ける。

アンタナナリヴ市内であれば、無駄足を踏んだり連絡待ちの時間がかかったりしても、そのコストはしれたものだろう。しかし、アンタナナリヴの調査者がムルンベの漁師にマインティラヌ周辺で会おうとする時、通信手段がなければ、まずムルンベに行って漁師の正確な行き先を尋ね、それからマインティラヌへ行かなければならない。交通手段も未整備となれば、移動距離だけでなく移動時間も膨大となる。マダガスカルにおいてケータイが削減したこれらコストの大きさは、交通が便利な日本では、理解してもらうのが難しいほどである。

ケータイを使えば、移動している人とも通信でき、柔軟な待ちあわせを行うことができる。ケータイによる音声通話の利便性としては、①通話相手を選択できるパーソナル機能、②家族全体でなく個人で所有できるプライベート機能、③移動しながら通話できるモバイル機能などが考えられるが[1]、マダガスカルの場合は特に、モバイル機能の向上が大きなインパクトをもっていたといえよう。交通の便が悪く、移動のコストが大きい場合には、モバイル機能の価値が相対的に高まるのである。

したがって、マダガスカル国内を移動するビジネスマンや、商品の買いつけと運搬を同時に行う行商仲買人は、ケータイのモバイル機能の恩恵を最大限に受けられる立場にあるといえる。たとえば、海岸部の州都トゥリアラに住むある海産物仲買人も、ヌシベ島に住む人と知りあってフカヒレの買いつけを頼まれた時、ケータイがおおいに役立ったという。彼がケータイを使い始めたのは、2008年頃である。

ヌシベ島とは、マダガスカル島の北西に位置する属島で、観光産業が盛んなため、アンタナナリヴに次ぐ国際便発着地となっている所である。ここは首都アンタナナリヴと違い、彼の住むトゥリアラとの間に直行の公共交通がなく、人の行き来が少ない。だから、行き来する人や車に伝言や郵便を託すことができず、ケータイのない時代には、ふたつの町の関係が浅かった。しかしケータ

第5節　個人にとってのモバイル機能　45

イがあれば、お互いの動向をすぐに知ることができるのみならず、海産物を買いつける先の漁村でもすぐに連絡をとることができる。ケータイの普及によって、互いの信用が増したのである。

このほか、その海産物仲買人が直接に語ったわけではないが、ケータイの利用は彼の仕事のしかたにも大きく影響しただろう。彼は、漁獲の多い大潮の日が近づくと、しばしば歩いて複数の漁村をまわり、買いつけを行っていく。仲買人は彼1人ではないから、十分な荷が集まるまでは、村から村へと移動するフットワークが重要である。したがって、買いつけた荷を彼自身がすべて運ぶことはできず、荷運びのために親戚や信頼できる知人を雇うこともしばしばである。つまり彼は、実際に買いつけた荷を置きざりにしたまま、村々を駆けめぐっているのである。

このような仕事では、置きざりにした荷物に事故がないよう、いろいろな連絡をする必要があるだろう。また、予想以上に荷が集まった時には、荷運びのために加勢が必要かもしれない。そうでなかったとしても、別行動をとる荷運び役に対して、予定が変わるにつれていろいろな指示を出す必要がある。また、ひとつの村で買いつけを終えた時、次にどの村に行くべきか。それを決める時には、いろいろな村の漁況がどうなっているかこまめに情報を集めておかなければならない。

つまり彼の仕事は、情報戦といってもよいかもしれない。ケータイが普及するまで、彼は、うわさ話や伝言といった口コミの情報伝達に頼っていた。しかしケータイがあれば、情報交換の効率はかくだんに高まる。商売がたきも同じように効率的な情報交換を行うようになるだろうが、その分、クライアントとの信頼の熟成や移動の効率化といった、別の面での競争が生じるようになるに違いない。こうしたビジネス流儀の変化は、たくさんの分野で同時展開することによって、産業や経済のあり方を大きく変える。

こうしたことは、すでに日本などでも論じられてきているので、視点を変えることにしよう。以下で指摘しておきたいのは、マダガスカルにおけるケータイの普及が、地方自治のあり方をも変えるかもしれないということである。

6 地政学的な変化

　通信にせよ交通にせよ、その本質的な役割は、人と人とのコミュニケーションを促すことにある。そして、通信も交通も、初期的な段階では階層的な（樹状の）構造をもっており、発達するにつれて網目構造に変わっていく。

　たとえば交通については、「すべての道はローマに通ず」ということばを思い出していただくのがよいだろう。交通網を整備するためには、まず首都を中心として、領土をくまなくカバーする幹線網を築く。しかし、それだけでは十分でない。幹線上にある主要都市から、近隣地域に及ぶ二次交通網をつくる必要がある。さらに、その二次交通網上の結節点から、あらたに三次交通網を……というように、動脈から毛細血管へと、順次整備するのが妥当な進め方である。

　そのように考えると、一つひとつの町は、決して同じようなかたちで首都に通じているのではない。幹線で首都に直結する町もあれば、四次路線や五次路線をたどらなければ首都に至らない町もあるだろう。鉄道の場合だと、新幹線駅とローカル線駅が違うのと同じことである。交通が階層的な構造をもつというのは、こういうことだ。首都からの情報は、ローカル線駅より新幹線駅での方が、多く集まるに決まっている。首都からの距離が同じでも、格差が存在しうるのである。交通が発達し、ローカル線が新幹線のように整備されてはじめて、この格差は縮まっていく。その時はじめて、交通網の階層差がなくなり、本当の意味で網状に組織されていくことになる。

　通信もまた、郵便に頼っていた時代は交通網をインフラにしていたから、階層的だった。電話が普及したのちも、日本ではしばらくの間、電話線の通じた家庭と電話を借りる家庭があって、厳然とした階層があった。本当に階層がなくなったといえそうなのは、家庭に固定電話が普及し、誰もが気軽にケータイを持つようになってからだろう。

　マダガスカルに話を戻すと、交通があいかわらず階層構造を維持しているのに対し、通信は一気に網目構造に近づこうとしている。先に述べた「交通が20世紀的水準にとどまったまま、通信が21世紀的水準に突入した」ということの真意は、ここにある。

日本などでは、交通と通信が歩調を合わせながら整備され、いつの間にか人と人とのコミュニケーションが網状に組織されてきた。変化はどちらかというと漸進的だったのである。しかしマダガスカルでは、交通も通信も階層的な状況の時に、一気にコミュニケーションの網状化を促すケータイが広まった。そのことが今後もたらす効果は、日本でケータイが普及した時とはまったく異なると考えてよい。

　まず、近いうちに、諸外国との関わり方が大きく変わるだろう。マダガスカルは、海産物や宝石、レアメタルなどに代表されるように、村落部に資源を多く抱えた国である。固有性の高い生態系も、自然保護団体にとっての資源と見なしてよいかもしれない。しかし、そうした価値の高い資源は、外国人がそう簡単にアクセスできないものだった。これは、1990年代におけるわたしと調査村の関係を考えればわかっていただけよう。

　首都から州都へ、さらに地方役場所在地へと、順々にたどり、信頼できる人を見つけていかなければ、資源のある村落には行きつかなかった。しかし、人と人とのコミュニケーションが網状に組織されるようになれば、こうした状況は大きく変わるだろうし、自然保護の分野などではすでに変わってきている。わたしが2010年にはじめてマインティラヌを訪れたことも、こうした変化の現れのひとつといえる。村落部で外国人の活動が活発化すれば、そのことは国政や地方自治にも大きな意味をもってこよう。

　第二に、交通の結節点となってきた州都や地方役場所在地などの地方都市が、総じて役割を低下させていくだろう。人に会う時間を節約できるようになったため、地方都市でも、わたしの滞在期間は短くなった。これは些細な例だが、特に海外などに拠点を置く団体や企業などは、地方都市をそれほど重視しなくなるだろう。村落を訪れるビジネスマンが増えても、地方都市のサービス業関係者は、それほど安心していられない。そこで経営を成り立たせようと思うなら、海外から来る人だけでなく、地方都市近隣の在住者を顧客にしていく必要がある。零細の農林水産関係の人口が多いマダガスカルでは、近隣の在住者はなかなか良い顧客とはならないかもしれないが、その方面も考えなければ、サービス業は生き残りにくいと思われる。

　フィールドワーカーの分を越えて、経済アナリストのようなことを書いてし

まった。ここで述べた未来予測は、当たることもあるだろうし、外れることもあるだろう。しかし、ケータイの普及が続くなら、次のことは断言できる。マダガスカルでは、いや、同様の経済水準にあるいわゆる第三世界では、近いうちに、人と人とのコミュニケーションが地理的なくびきを脱する。なぜなら、普及しつつあるケータイが、地理的な階層構造をバイパスするかたちで人と人とをつないでいくからである。

こうした地政学的変化は、すでに網状コミュニケーションを行っているわれわれにとって、無関係なように思えるかもしれない。しかし、われわれのくらしが世界各地とつながって成り立っている以上、他国での大きな変化は、わたしたちのくらしにも何らかの意味を帯びてくるに違いない。

(飯田　卓)

＊注
(1) ここで示した3つの機能は、日本において携帯電話利用を性別・年齢別に分析した松田（2001）の調査に基づくものである。なお、マダガスカルの調査村における残り2つの機能（パーソナル機能とプライベート機能）に関しては、別の機会に報告した（飯田　印刷中）。

＊参考・引用文献
Bradt, Hilary, 1992, *Guide to Madagascar*, 3rd ed., Chalfont St Peter: Bradt.
飯田卓，1998，「ヴェズ──マダガスカルの海洋民」『季刊民族学』86: 59-67.
飯田卓，印刷中，「ノマディズムと遠距離通信──マダガスカル、ヴェズ漁民における社会空間の重層化」杉本星子編『情報化時代のローカル・コミュニティ──ICTを活用した地域ネットワークの構築』国立民族学博物館.
松田美佐，2001，「パーソナルフォン、モバイルフォン、プライベートフォン──ライフステージによる携帯電話利用の差異」『現代のエスプリ』405: 126-138.
Virilio, Paul, 1993, *L'art du moteur*, Paris : Editions Galilée. (＝2002，土屋進訳『情報エネルギー化社会──現実空間の解体と速度が作り出す空間』新評論.)

Column 3

南アフリカケータイ旅行——はじめてのフィールドワーク

　南アフリカの片田舎の町を歩いていた。町中の沿道には露店が立ち並んでいる。机の上に野菜や果物、お菓子、雑貨などがごちゃごちゃと置かれている中に固定電話らしきものを見つけた。だが、それはよく見ると固定電話ではなかった。本体の横にアンテナらしき棒が立ち電池で動く。無線で通信する固定電話の形をしたケータイだった。この電話は露店に置かれた公衆電話のようなもので、人々はそれをパブリックフォンと呼んでいた。町中の至る所にパブリックフォンを営む露店が存在し、コンテナボックスを改造して作られたパブリックフォン小屋もいくつか立っていた。しかし、町の多くの人々はケータイを持っているのになぜパブリックフォンがあるのか？　ケータイの普及とともに公衆電話が減っていった日本から来たわたしには、それが大きな疑問となった。

　このコラムでは大学院に進学しはじめてフィールドワークを行ってきたわたしの体験と南アフリカの地方の町で見られたパブリックフォンについて書き綴っていく。

　南アフリカは、アフリカ屈指のケータイ大国である。2010年のケータイ普及率は100％を超えていて、実は日本よりも高い普及率を誇る。ケータイ事業が始まったのも1994年頃で、決して新しいものではない。アフリカ全体の普及率が53％程度である中ではもっともケータイが普及している国のひとつに数えられ、特にサハラ以南アフリカにおいては突出している。そうしたとびぬけた存在であると同時に、固定電話が普及していないところにケータイが普及したという筋書きは他のアフリカ諸国と変わらない。わたしは日本とは違う道筋をたどって普及してきたケータイ大国南アフリカのケータイの実際の利用のされ方を見ようと、同国を選んで調査をすることにした。

　調査する町にたどり着き、パブリックフォンという興味深いものも見つけたが、そこから調査を進めるのには少し手間がかかった。現地語を話せないわたしには通訳が必要だし、インフォーマントとわたしを仲介する調査アシスタントも必要となる。当初、調査アシスタントを得るのに苦労した。1週間ほどインタビューなどの本格的な調査を進められず悶々としていたが、泊まっていた宿の従業員の友人がついにアシスタント兼通訳をやってくれることになった。わたしと同年代の好漢で料理が上手な彼は、わたしが日本に帰る前においしいシーフード料理をふるまってくれた。彼とは、日本にいる時でもフェイスブックを通じて連絡をとる友人となっている。調査地ではパソコンを持つ人はほとんどいないが、彼のようにケータイを通じてインターネットから世界につながっている人は多い。

　さて、アシスタントを得て、インタビューなどを開始した。ここでも何かと大変だった。町中では大人たちに何かのスパイかと勘違いされてかなり圧迫的な態度をとられ、

くじけそうになったりした。だが、少し離れた居住区ではみな一様に客人としてもてなしてくれた。知らない人だろうと来客を大切にする文化なのだ。ケータイで誰に話しているか、何を話しているかなど、日本ではおよそ答えてくれそうにないプライベートに踏みこむ質問にも意外にも親切に答えてくれた。パブリックフォンのある露店に1日中張り付いたりもした。調査の協力をお願いすると、はじめは店の人は嫌そうにするのだが、なんとか了承を得て調査を終えて別れる時にはすっかり仲良くなっていろんな情報を教えてくれた。フィールドワークを通じて嫌なことはたくさんあるが、そうしたことを我慢強く耐え、地元の人々と理解しあえた時はとても楽しいし、データを得られた時は達成感に満たされる。

　こうして調査を進めていくうちに、パブリックフォンの正体がつかめてきた。パブリックフォンの特徴は、最小利用額の小ささと通話料の安さのふたつがあげられる。ケータイデバイス、通話料ともにまだ高価だった時期に、政策によって貧しい人たちのためにケータイ会社に設置を義務づけたのが始まりだ。この政策にはアパルトヘイト撤廃後の白人と黒人の格差是正の意図も背景にある。もともとはケータイのない人のために始まったシステムだが、今ではケータイを持っている人の方が頻繁にパブリックフォンを使っている（普及率100％とはいえ、ケータイを持っていない成人もたくさんいる。わたしの感覚では高校生以上の5人に1人はケータイを持っていない）。

　現代のパブリックフォンは人々のエアタイム（ケータイ用先払い通信料）不足を補っているようである。多くの人がエアタイムの最低販売価格である5ランド（1ランド≒10円）のものを購入するが、これでは2分程度話せばエアタイムが切れてしまう。ケータイを持っていてもエアタイムはないという人は多い。そして、エアタイムを買いたくても現金を5ランドも持ち歩いていない人が多い。パブリックフォンは1分0.9ランドから利用できるので、エアタイムを買う代わりにこちらを利用するのだ。

　そして、ケータイの3分の1程度の通話料で電話できるパブリックフォンの安さは長電話に活かされている。パブリックフォンでは4、5分電話する人が多い。調査地は大都市への移動労働者を多く輩出していて、そうした離れて暮らす家族や友人とはめったに会えないので電話は長くなり、その場合にパブリックフォンが利用される。逆に、地域内の者との連絡にはケータイですませるのである。

　ケータイとパブリックフォンを使い分けて、人々はコミュニケーションの機会を増やしていた。人間にはそもそもコミュニケーションをとりたいという欲求があるのだということに、このはじめてのフィールドワークで気づかされた。パブリックフォンを利用するひとりに何のために電話するのかを尋ねたところ、その人はこう答えた「家族とおしゃべりするのに何か理由がいるのか？」。

(前川　護之)

Chapter 3 農村の若者集団とケータイ
社会とメディアの個人化について考える

　黒、赤、黄、緑の鮮やかなラスタカラーの帽子と腕輪をした若者が、ラジカセを肩にかついで、大音量でボブ・マーリーの音楽を流しながら村の中を歩きまわっていた。ラスタ風の若者は、ラジカセを鳴らしながらわたし達のそばに来て談笑を始めたのだが、誰も音楽を気にかけることはなく、ラジカセはそのままBGMとして鳴り続けていた。

　これは、マリ共和国南西部に位置するK村における一場面である。わたしがはじめてK村を訪れたのは、2007年のことだ。当時、CDやMD、MP3プレーヤーなどはほとんど使われておらず、村人はラジカセで音楽を聴いていた。そして、およそ2kgはあろうかというラジカセを「ウォークマン」のように携帯している様子は音楽好きの村の若者ならではの姿であった。わたし達が移動中に音楽を聴く時には、まわりに聞こえないようにイヤホンをするのがふつうだろう。ところが、K村の若者は、外に向かって音を鳴らしながら歩き、そのままおしゃべりのBGMとして利用していたのだった。

1　はじめに──ラジカセからケータイへ

　わたしがK村に再びやってきたのは2009年である。はじめて来た時とほとんど変わらない村の風景を懐かしく思っていたのだが、すぐにひとつの大きな変化に気がついた。若者の多くがケータイを所有するようになっていたのである。音楽好きなK村の若者にとって、ケータイは通信機器であると同時に、ラジカセに代わる音楽プレーヤーになっていた。ラジカセを鳴らしながら肩にかついで歩く若者の姿はめっきり見られなくなり、かわりにケータイを手に持って鳴らしながら歩く若者の姿が目につくようになった。CDやMDを経てMP3に至るという、わたし達が過去20年ほどの間に経験してきた音楽ソフトの歴史を飛び越えて、たったの2年でMP3の音源をケータイで聴くようになっていたのである。しかし、メディアの劇的な変化とは裏腹に、彼ら独特の使い方

には変化がなかった。つまり、彼らは移動中であってもイヤホンは使わず、ケータイで音楽を鳴らしていたのである。

また、ケータイの利用において特に目についたのが、若者の集団での利用であった。夕食後の20時ごろに村を歩いていると、小屋の中に集まってまじめな様子で話しあっている若者たちの姿をよく見かけた。そこで小屋に入って見学をしていると、話しあいの後にそのまま小屋に残って、ケータイの音楽や動画をみんなで視聴したり、ブルートゥースでそれらを交換したりしていたのである。こうした若者の集まりは、「子どものトン」と呼ばれることがわかった。子どものトンは、日本の若者にみられるような単なる友人どうしの集まりとは異なり、それぞれ固有の名前をもち、共同労働やサッカーなどの特定の活動を行う組織である。ケータイの集団での利用は子どものトンにおいて顕著にみられ、その用途も音楽の視聴などの娯楽的なものにとどまらず、大人との通話での労働条件の交渉など「まじめな」ものまでみられた。

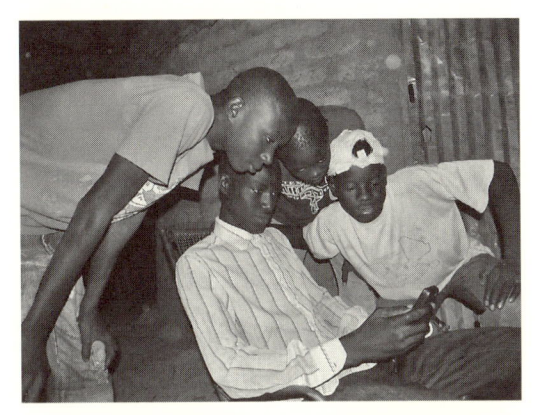

子どものトンの集会後にケータイを覗き込む若者たち

ケータイの音楽を外に向けて鳴らしながら歩いたり、通話での交渉に集団で挑んだりする姿は大人にはみられず、若者に顕著な特徴といえる。本章では、K村において「若者」とはどういう存在であるのかについて、年齢組織の再編という点から検討する。その上で、若者にみられるケータイの集団での利用に注目し、メディア利用における個人化について考えてみたい。日本や欧米における現代のメディアの特徴のひとつは、緩衝地帯となる何らかの社会集団を媒介せず、個別の身体に直結していることである（吉見 2004：212）。特にパーソナルメディアであるケータイは、こうしたメディア利用における個人化の徹底されたものとして位置づけられている。ケータイの急速な普及がみられるアフリカの農村部の若者の間においても、こうしたメディア利用における個人化は

第1節　はじめに　53

進行しているのだろうか。

2　K村におけるケータイの利用状況

　マリ共和国はアフリカ大陸西部に位置する内陸国である。国土の北半分は砂漠であり、その南縁にサヘル地帯、さらに南にサバンナ地帯が続いている。南部にはニジェール川が東西を横断するように流れており、中央部は大きく湾曲している。この大湾曲部では、雨季に増水した川の水が巨大な氾濫原を形成する。

　K村はマリ南西部のサバンナ地帯に位置し、ニジェール川から約2km離れたところにある農村である。村人のほとんどは、マリ南西部からギニア東部にかけて居住し、農耕を主生業とするマリンケという民族集団である。マリ中央部ほどの規模はないものの、K村周辺においてもニジェール川は氾濫する。K村では氾濫原を利用した稲作や、ソルガム、トウジンビエ、トウモロコシ、ラッカセイなどの畑作、それに牧畜と漁撈が複合的に営まれている。人口はおよそ2000人であり、周辺の小村と比べると大きな農村といえる。しかし、道路は未舗装で電線や水道も通っておらず、インフラの面では周辺の小村と変わらない。日干しレンガを積んだ壁にかやぶきの屋根をのせただけの簡素な住まいが基本だが、近年ではトタン屋根の家も増えてきている。これらの泥小屋が数戸集まって低い壁で囲まれた部分が世帯の居住空間となっている。しかし、この居住空間は日本の「家」のように閉鎖的な空間を形成しているわけではなく、その多くが外に開かれており、日常的に他の村人やロバなどの家畜が往来している。

　では、K村におけるケータイの利用状況について概観しよう。K村にケータイの電波が入るようになったのは、K村から約7km離れた隣町に電波塔が建った2006年のことである。しかし、冒頭でふれたように2007年当時、K村でケー

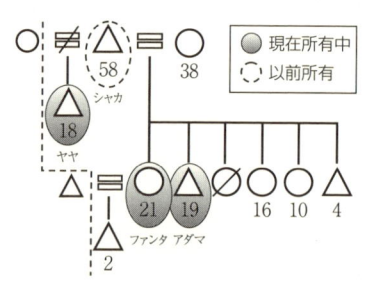

図3-1　シャカ氏世帯のケータイの所有状況
（人物下の数字は推定年齢。点線より左は世帯外。）

54　第3章　農村の若者集団とケータイ

タイを所有している人はほとんどいなかった。当時は、SIM カード、ケータイ本体ともに非常に高価で買えなかったという。SIM カードは年々値を下げ、2010 年現在、一番安いもので 500 フラン（約100円）である。ケータイ本体も、安価な中国製品の流通と中古市場の発達から価格競争が進み、現在では村人の手の届く額になった。一番安いもので、新品なら約 1 万フラン、中古であれば 5000 フラン以下のものまである。このように SIM カードとケータイ本体双方の価格が下がったことで、K 村ではケータイを所有する人がここ 2、3 年のうちに急増したのであった。それでは、具体的にどのような人がケータイを所有しているのだろうか。

図 3-1 は、58 歳の男性であるシャカ氏の世帯のケータイの所有状況を示している。シャカ氏の世帯の食費や生活必需品などを合計した 1 ヵ月あたりの支出額は、およそ 7 万フランである。シャカ氏の世帯でケータイを所有しているのは、21 歳の長女であるファンタと 19 歳の長男であるアダマ、それにシャカ氏の連れ子である 18 歳のヤヤの 3 人である。年長者である世帯主のシャカ氏やその妻は所有していない。シャカ氏は以前所有していたが、酒代のために売ってしまったそうだ。ファ

表 3-1　シャカ氏世帯におけるケータイの通話料

日付	ファンタ	アダマ	ヤヤ
7月26日	n.d.	0	n.d.
7月27日	n.d.	100	100
7月28日	n.d.	0	0
7月29日	0	100	0
7月30日	250	0	0
7月31日	150	0	100
8月1日	0	0	0
8月2日	0	100	0
8月3日	0	100	0
8月4日	100	0	100
8月5日	0	0	100
8月6日	0	0	0
8月7日	0	100	0
8月8日	0	100	0
8月9日	0	0	0
8月10日	150	100	100
8月11日	0	0	100
8月12日	0	0	0
8月13日	0	0	0
8月14日	0	0	0
8月15日	0	0	0
8月16日	0	0	0
8月17日	0	0	100
8月18日	0	0	0
8月19日	0	0	0
8月20日	0	0	0
8月21日	0	0	0
8月22日	0	0	0
8月23日	0	100	100
8月24日	0	0	100
8月25日	100	0	0
8月26日	100	0	0
8月27日	0	0	0
合計(フラン)	850	800	1200

（日付は 2010 年のもの。）

ンタは、隣町に住む内縁の夫からケータイをもらい、アダマは自分で購入した。ヤヤはシャカ氏の前妻であるヤヤの母（K村に在住）からもらった。ヤヤのように母親が子どもにケータイを贈与して持たせ、必要な時だけ借りるというのは一般的である。このように、親世代よりも子ども世代にケータイ所有者が多いという世帯はめずらしくなく、K村では年配者と比較して若者の利用者が多いものと考えられる。

　続いて、シャカ氏の世帯においてケータイがどのように利用されているのかについてみてみよう。表3-1は、シャカ氏の世帯のおよそ1ヵ月あたりの通話料を個人別、日付別で示したものである。この表からまず明らかになったのは、少額のクレジットしか課金されていないということである。その時に電話をかける分だけしか課金をしていないので、1回あたりの課金額の多くは100フランであり、最高額でも7月30日にファンタが課金した250フランである。また、この時期マリは雨季の農繁期で、現金収入が乾季に比べて少ないということもあるが、課金額そのものが少ない、つまり、あまり通話をしていないということがわかった。33日間の通話料金はファンタが850フラン、アダマが800フラン、ヤヤが1200フランであり、通話時間にするとファンタが約7.7分、アダマが約7.3分、ヤヤが10.9分である。さらに、ファンタは8月11日から24日の14日間まったく課金をしていなかった。このように通話をあまりしないにもかかわらず、シャカ氏の世帯のケータイ3機はつねに電池を切らさないように充電を行っていた。K村には電線が通っていないので、村内で充電を行う場合、ソーラーパネルか発電機、またはバイクのバッテリーを用いる。ソーラーパネルや発電機はほとんどの村人が所有しておらず、バイクを持つ人も限られているので、多くの村人はこれらを持つ人や隣町の友人に頼んで充電をしてもらう。シャカ氏の世帯のケータイはすべて、隣町に住むファンタの夫に頼んで、無料で充電をしてもらっている。ファンタの夫は、バイク修理の仕事が終わるとほぼ毎晩K村にやってくるので、この時に充電が切れていたら預け、翌日に持ってきてもらう。

　このように、シャカ氏の世帯では、通話をあまりしないにもかかわらず、ケータイの電池を切らさないようにしている。受信のためにそうしているともいえるが、頻繁に電話がかかってくる様子はなく、1日の間にまったくかかってこ

ない日も多い。また、メールやインターネットはまったく使っておらず、使い方すら知らない様子であった。それでは、ケータイを用いて頻繁に何をしているのかというと、音楽や動画の再生をしているのである。ケータイの音楽や動画は、インターネットを介して直接視聴するのではなく、首都バマコや隣町からもどった親族や友人のものを、ブルートゥース経由でSDカードに保存し、視聴している。ファンタのような小さな子どもを持つ若い女性であれば、育児やごはん支度をしながら音楽を聴き、アダマやヤヤのような未婚の男性であれば、夜に若者小屋に集ってみんなで動画を見る。K村の若者にとってケータイは、利用時間からすると、圧倒的に音楽・動画プレーヤーとして利用されているのである。少しの通話と頻繁な音楽や動画の再生、また、まったく使わないメールとインターネットといったように、使用機能にはかなりの偏りがあるといえる。

3 マリンケ社会における「若者」

　前節では、シャカ氏の世帯におけるケータイの利用状況を概観し、ケータイの利用が若者に顕著にみられることを確認した。しかし、ここまでK村における「若者」という世代範疇については何も言及してこなかった。K村を含むマリンケ社会において「若者」とはいったいどのような存在なのだろうか。

　人間が集団をつくる際の結合原理には、血縁や地縁のほかに性と年齢がある。この性と年齢をもとに形成されるのが、子どもの集団から老人の集団に至るまでの年齢集団である。そして、これらの年齢集団が階層的に結びついて構成されるシステムを年齢体系ないし年齢組織[1]と呼ぶ。社会人類学では、年齢体系を①政治や軍事的な機能をもつものとするか、②儀礼体系あるいは認識や観念の体系とするか、という２つの立場があり、どちらを重視するのかが議論されてきた（田川　2005：295）。マリンケの年齢組織 karew に関する先行研究では、同輩集団ないし世代間の認識枠組みとして捉える上記②の立場が基本的であり、村落の公共領域に関わる政治・経済的および軍事的な機能は、「トン ton」と呼ばれる社会組織が担っていた（Leynaud 1966）。しかし近年では、マリンケの年齢組織はイスラーム化と近代化の影響から衰退しているとされる（Doumbia

2001)。

　K村の年齢組は、1982年の「ライオン組 *jara-si*」の結成から現在までのおよそ30年間、新しく組織されていない。最新の年齢組であるライオン組の構成員は、現在では50代後半になっており、それ以下の年齢組をもたない者はすべて「若者組 *jeunesse-si* [2]」と呼ばれている。なぜ年齢組がおよそ30年間組織されていないのかを年配者に尋ると、「なまけ者だからだ」という答えが返ってくる。年齢組の命令式を聞くには牛数頭や数百kgの米などの莫大な費用が必要である。こうした費用をまかなえない「なまけ者」とされる年齢組をもたない者が、「若者組」と呼ばれているのである。

　こうした年齢組織の衰退と並行して割礼が低年齢化している。かつては、原則7年に1度、およそ8歳から15歳の者が割礼を受けていた（Leynaud 1966: 46）。また、割礼は、「分離→移行→再統合」（Gennep 1909）という通過儀礼の形式をとっており、割礼を受けた若者たちは傷が癒えるまでの間村から隔離されて、年長者から村の歴史や社会規範などを教わっていた。しかし現在では、割礼は約3歳までの幼児を対象にほぼ毎年行われており、通過儀礼としての機能は失われている。さらに、こうした割礼の低年齢化に伴い、マリンケの世代範疇は変化している。かつては、「子ども期 *denmisennya*」から割礼を経て「青年期 *balukuya*」となり、結婚を経て「成人期 *makoroya*」へ移行していた（Doumbia 2001: 49-64）。しかし、現在では割礼が低年齢化したことで「子ども期」が結婚まで延長され、「青年期」という範疇はほとんど消滅してしまっている。「青年期 *balukuya*」ないし「青年 *baluku*」という概念は日常的には使用されていない一方で、「子ども *denmisen*」という概念は未婚者を指すカテゴリーとして普段から頻繁に使用されている。したがって、「若者組」や「子ども」などの若年層の人々を表す世代範疇は、年齢組保持者や既婚者である「大人」の欠如体としてのカテゴリーなのである。

　シモンズと栗本（Simonse & Kurimoto 1998: 25）は、北東アフリカにおける年齢体系の消滅に関与するものとして、国家、資本主義、近代教育、という3つの要素をあげている。国家は法的な規制によって年齢体系そのものの存続を脅かし、資本主義の拡大はあらたな権力関係を生じさせることで年長者の権威を脅かす。そして、近代教育は年齢体系に代わる代替の人生の段階と区切りを与

えるのである。マリンケの年齢組織の衰退の議論においても、伝統的な年齢階層である年齢組織から近代的な年齢階層である学校への移行が指摘されている（Doumbia 2001: 196）。K村においても、年齢組織の衰退や割礼の通過儀礼としての機能の消失など、「伝統的な」組織原理は衰退しており、若年層においてそれらは否定形のカテゴリーとしてしか機能していない。それでは、先行研究がいうように、近代化によってあらたにもたらされた学校教育が若者の社会生活のすべてを支配しているといえるのだろうか。

4　子どものトンの増加による年齢組織の再編

　K村の小学校は1974年に、また、中学校は2003年に設立されており、確かに年齢組織の衰退が進行した時期と重なっているともいえる。しかし、K村では村の子どものすべてが学校に入学するわけではないし、中学卒業までの段階で留年をくり返し、通学をあきらめる者も多い。また、中学校を卒業して村外の高校や専門学校へ進学する者は、多く見積もっても村全体の若者の4分の1にさえ満たない。学校がかつての年齢組織のように村落社会全体における組織原理として作用しているとは考えにくいのである。

　一方で、学校の生徒を含むK村の若者の誰もが入っているのが、「子どものトン *denmisen ton*」と呼ばれる住民組織である。子どものトンは、共同労働や集会における話しあい、サッカーなどの活動を行う。農繁期である雨季に農作業を行い、対価として得たお金を貯蓄する。就学期と重なる乾季はサッカーを頻繁に行い、共同労働は少ない。共同労働が一段落すると、宴を開き、1年間貯蓄してきたお金をヤギやスパゲティーなどを購入することでほとんど使い果たす。

　子どものトンは、植民地期以前から現在まで存在する「トン」と呼ばれる社会組織をモデルに、1970年代から組織され始めた。1990年代後半から急増し、現在、村には約45組織存在する。K村に限らずマリでは、1990年代以降、若者によるものも含め、さまざまな形態の住民組織が急増していることが報告されている（赤坂　2007）。これには、1992年の「民主化」による集会・結社の自由や、1999年の「地方分権化」による末端の行政体における住民組織の登録

の開始などが間接的に影響しているものと考えられる。

　子どものトンのモデルとなった「トン」は、マリンケを含むマンデ系の諸民族に特有な社会組織であるが、地域や民族集団によって形態が異なる。マリンケのトンは、自警や道路の建設などを行うとともに、もちまわりで成員の属する世帯の農作業を行うなど、村の公共的な仕事を担い、成員どうしの相互扶助を行う組織であった。しかし、現在では公共的な仕事はほとんどみられなくなり、活動内容は子どものトンとそれほど変わらなくなっている。

　トンはかつて親族に基づく地区と割礼を受けた後に結成される最も若い年齢組によって組織されていた（Leynaud 1966: 46）。その点でトンは年齢組織と共通の組織原理をもっていたといえる。しかし、現在では割礼の低年齢化と年齢組織の衰退によって明確な入会の契機はなくなり、入退会は任意になっている。それでも10代後半になると多くの若者は自分の居住する地区のトンに入会し、結婚する前後に退会している[3]。一方の子どものトンも基本的には地区と年齢に基づいて組織されるが、仲の良い友人がいるからといった理由で地区を超えて入会する者もいる。また、組織の発足や入退会は若者自身によって自発的になされており、大人が関与することはほとんどない。運営に関しても若者自身によって自律的になされている。

　子どものトンの成員の年齢は、下は5歳ぐらいから上は20代半ばぐらいまでと幅広く、ひとつの組織ごとにだいたい5歳から10歳ぐらいの年齢幅をもつ。たとえば、最年少の組織であればだいたい10歳未満の者どうしで構成される。また、こうした一定の年齢幅をもつ各組織の間で、年齢に基づく上、同、下位の関係が生じている。組織をかけもちしている際に共同労働の日にちが重複した場合には、年長の組織を優先しないと罰金を支払わなければならないし、サッカーの試合では同年齢層の組織としか対戦しない。さらに、トンの活動は子どものトンよりもつねに優先され、トンは子どものトンを組織ごと吸収合併することさえある。こうした1対1の組織間の関係が連続することで、K村の子どものトンの全体において階層構造が生じており、その最上位にトンが位置している。かつて年齢組織と共通の組織原理をもっていたトンが最上位に位置するようなかたちで、年齢組織の再編といえるような年齢に基づく階層化が、子どものトンの組織化を通じて進行しているのである。

先行研究がいうように、年齢組織から学校への移行は確かに進行しているものの、学校はK村の若者の社会生活において全面的な影響力をもつには至っていない。一方で、1970年代に現れた子どものトンは増加を続け、現在では村の若者の誰もが入会している。1970年代に子どものトンを組織し始めたのも、1982年に最後の年齢組を組織したのも現在およそ50代の人々である。したがって、彼らを境に、それより上の世代は年齢組織、下の世代は子どものトンというふたつの中間集団の間で移行が生じたと考えられる。外部から入ってきた近代的な中間集団である学校への移行が進行すると同時に、「伝統的な」年齢組織との連続性をもつ子どものトンが増加し、階層化することで、若年層において衰退していた年齢組織が再編されているのである。

5　ケータイを用いた大人との集団交渉

　子どものトンは若者による自発的な組織化と自律的な運営を特徴とする。こうした特徴から若者自身の嗜好が現れやすい子どものトンにおいては、ケータイが普及し、それがもたらす影響も多くみられる。次に、子どものトンの活動にもたらされたケータイの影響についてみてみよう。
　子どものトンの共同労働は、乾季の日干しレンガ作りを除いて、雨季の農繁期に集中し、畑の耕起から播種、除草、収穫までほとんどの行程の農作業が対象となっている。しかし、これらの農作業は世帯でも行われており、一般的には世帯の労働力不足を補うために子どものトンを雇う。さまざまな農作業のなかでも、除草と収穫は重労働で人手が必要であるので多くの子どものトンがかり出される。1990年代までは共同労働の際に、くわを持って畑を耕す男性を鼓舞するために、「ジェリ」と呼ばれる世襲の音楽職能民が太鼓を叩き、女性が歌を歌っていたそうだ。しかし、現在ではそのような光景はほとんど見られず、くわを持つ男性自身がケータイの音楽をポケットの中で鳴らして、農作業のBGMにするようになった。また最近では、畑をもつ大人から受ける労働の依頼に際しても、ケータイが用いられるようになっている。
　以下では、共同労働の条件の交渉にケータイが用いられている事例を検討する。事例における子どものトンは、「カラテ・プルミエール・ジュネス Karate,

Premiere, Jeunesse（以下 K.P.J）」という名前をもつ。直訳すると、「空手、一番、若者」だが、意味するところは「若者のなかで一番空手の強い者達」といったところであろうか。マリの若者達の間では空手映画がよく見られており、隣町にも語順を変えただけの J.P.K という名の子どものトンがある。

　2010年8月のある日の午後、若者小屋でわたしは10代半ばの6人の若者と談笑をしながら過ごしていた。そこにいた6人のうち4人は、K.P.J の成員であった。小屋の中で話をしている最中に、17歳で K.P.J の最年長者であるモディボのケータイが鳴った。モディボは電話を取ると同時に小屋の外に出た。小屋の中にいた他の者たちも続々とモディボに続いて外に出るので、わたしも何事かと思い、外に出た。電話をかけてきた相手は、モディボの兄の友人である隣町に住むバカリであった。バカリは K.P.J に労働の依頼をしてきた。依頼の内容は、トウモロコシ畑の除草作業で、作業時間はおよそ12〜17時である。この労働時間は「テレン」と呼ばれ、通常よく行われる「ウロンジョン」と呼ばれる2時間の労働のおよそ2倍の報酬が支払われる。はじめバカリは、明日（金曜日）来いと言ってきた。モディボはそれをその場にいた他の成員たちに伝える。しかし、都合が悪いらしく、彼らは土曜だと言えと、相手方の耳に届きそうな大声でモディボをせきたてる。モディボは言われたとおりに土曜にしてくれとバカリに頼むと、すんなり了解を得た。また、バカリは、労働報酬は4000フランでごはんをふるまうと言ってきたが、これに対してもモディボが答える前にまわりが口々に異議を唱えた。5000フランと言え、あめをつけろと言えと言ってせがみ、モディボはまた言われるままにバカリに伝える。するとバカリはまたしてもすんなりと受け入れ、結局労働の報酬は、5000フランとあめ3袋（1袋250フラン）と食事になった。労働の交渉をすませるとすぐに電話は切れた。電話の後に、食事の内容は何かと彼らに尋ねると、スパゲッティにヤギかヒツジの肉もしくは大きな魚を添えたものだと興奮気味に答える。スパゲッティも肉や大きな魚にしても普段の彼らの食事からすると相当なごちそうである。

　K.P.J の K 村における労働報酬の額は、テレンの場合、およそ2500フランとあめ2袋である。したがって、隣町での労働は、K 村での労働のおよそ2倍の報酬を受けることができる。また、K 村ではテレンであっても食事がふるまわれることは少ないが、隣町での労働は今回のように食事がふるまわれることが

多い。したがって、K村の若者は往復約15kmの移動の労力を考慮したとしても、隣町へ共同労働に行くことを積極的に捉えている場合が多い。また、依頼者にとっても、隣町のではなく、K村の子どものトンに労働を依頼するのには理由がある。K村の若者のほとんどは農耕を生業とする世帯で育っている一方で、隣町では農耕を営む世帯は少な

子どものトンの共同労働の様子
（トウモロコシ畑の除草作業をおこなっている。）

く、若者は畑仕事にふれる機会が少ない。このことから、K村の若者は隣町の若者と比べて畑仕事に精通しており、よく働くという評判を得ている。このように隣町での労働は、K村の若者にとっては高収入が得られ、隣町の依頼者にとっては高い労働力が得られるという双方のインセンティブにかなっており、ケータイはこうした双方へのアクセスを容易にするツールとして機能しているのである。

　ケータイがなかった時にもK村の子どものトンが隣町で労働を行うことはあったが、その交渉は成員と依頼者が直接行うか人づてで行われていた。交渉がこうした対面的な状況から通話という非対面的な状況に変わったことで、実際に大人を目の前にするよりも、反対する意見を言い、主張を行うことが容易になったのではないかと考えられる。つまり、ケータイを用いた通話で交渉を行うことにより、対面的状況においてむき出しであった大人の権威をあいまいにすることができるのである。それから、通話は基本的に1対1のコミュニケーションであるが、上記の事例では、通話をしているモディボ以外のまわりにいる若者たちも交渉に参加しており、一対多の様相を呈していた。このように交渉が集団で行われたことで、子どものトンに有利なように交渉が進んだのであった。つまり、ケータイを用いることで大人との交渉において不利になる対面性をぼかしつつ、本来であれば通話によって打ち消される集団性という強みもまた、活かしていたのである。今後もこのように、不均衡な世代間の関係においてケー

タイが若者の抵抗手段として機能する可能性は十分にあるといえるだろう。

6 おわりに──なぜ個人化しないのか?

　最後に、なぜK村の若者のケータイ利用において個人化の傾向があまりみられないのかについて、反対に個人化が徹底的に進行している日本や欧米との比較から考えてみたい。

　1980年代の日本や欧米では、さまざまな形態のメディアの中で、後の携帯電話につながっていく動きが出てきていた。なかでももっとも早かったのが、ウォークマンの流行であった（吉見　2004：202）。ウォークマンは徹底的に脱場所化ないし個人化されたメディアとしてケータイの先駆をなしていたのである。冒頭で紹介したように、K村ではケータイ以前にウォークマンのような小型の音楽プレーヤーはなかったが、かわりに大きなラジカセをウォークマンのように歩きながら使う若者の姿が見られた。日本や欧米のウォークマンは最初からイヤホンで聴くことを前提にしており、脱場所化と個人化はひとくくりに進んだといえるが、K村の「ラジカセウォークマン」においては、脱場所化のみが達成されていたといえる。また、ケータイが普及する以前、日本の家庭においては、玄関からリビング、そして各個人の部屋へという固定電話の個室化が進行していたが（吉見ほか　1992：64-5）、K村ではそもそも固定電話がない。つまり、日本や欧米では、ケータイへと続いていくメディア利用の変遷において個人化がすでに進行しており、その延長上にケータイを位置づけることができるが、K村においてはそれが当てはまらないのである。K村の若者のケータイ利用において個人化が進行していない理由のひとつとして、このようにケータイ以前のメディア利用においてほとんど個人化が進行していなかったことがあげられる。

　だが理由はそれだけではない。日本や欧米でメディア利用における個人化が進行した1980年代は、社会において個人化が進行した時代でもあった。ここでいう社会の個人化とは、伝統的集団からの解放としてあった「第一の近代」における個人化に対して、近代的な中間集団である国民国家や家族から個人が解き放たれる「第二の近代」の中で、諸個人が固有の自律性と選択権を手にするとともに、さまざまな社会的リスクと直接的に向きあわなければならなくなっ

たことを指す（三上　2010：34）。こうした社会における個人化の進行のなかに、メディア利用における個人化も位置づけられるのである。

　しかし、K村では、親族のような伝統的集団は現在でも機能しており、まずもって第一の近代における個人化が進んでいないようにみえる。それでも若年世代においては、年齢組織の衰退や割礼の低年齢化など、伝統的集団からの解放と呼べるような動きが出てきているし、同時に近代的な中間集団である学校も入ってきている。しかし、学校はそもそも完全に普及しているわけではなく、近代的な中間集団からの解放という意味での第二の近代における個人化も想定できない。一方で、子どものトンという「伝統」との連続性をもつ新しい中間集団によって年齢組織は再編されており、ケータイという新しいメディアは、個人とともにこの新しい中間集団によっても受容されているのである。

　ここで、日本や欧米が経験したような第一ないし第二の近代における個人化を経験していないからといって、K村が前近代的な社会であるというわけでは決してない。個人化論の代表的な論者であるベックは、前近代、第一の近代、第二の近代の区別は、ヨーロッパにおける近代化の経路にしか妥当せず、世界の他の地域においては、これらが絡まりあいながら併存していることを指摘している（ベック　2011：252）。K村においても、たとえば気候変動の影響というかたちで第二の近代はすでにやってきているし、ケータイの普及それ自体がグローバルな市場経済の展開という第二の近代に特殊な現象のもとで生じているのだから。受容のされ方や使い方は違っていても、わたし達はケータイを手放せない若者として同時代を生きているのである。

（今中　亮介）

＊注
(1)　本章では、単一の組織を「年齢組」、それらの全体システムを「年齢組織」と表記する。
(2)　"jeunesse" は仏語で「若者」を意味する。
(3)　初婚年齢は、男性の多くが20代後半から30代前半、女性の多くが10代後半から20代前半である。したがって、トンの成員は圧倒的に男性が多い。

＊参考・引用文献
Doumbia, Tamba, 2001, *Groupes d'âge et éducation chez les Malinké du sud du Mali*, Paris:

L'Harmattan.

Leynaud, Émile, 1966, "Fraternités d'âge et sociétés de culture dans la Haute-Vallée du Niger," *Cahiers d'études africaines*6 (21): 41-68.

Simonse, Simon & Eisei Kurimoto, 1998, "Introduction" in Kurimoto, Eisei & Simon Simonse eds., *Conflict Age & Power in North East Africa: Age Systems in Transition,* Oxford: James Currey.

赤坂賢, 2007, 『西アフリカにおける援助活動による住民組織化へのインパクトに関する研究』平成17年度〜18年度科学研究費補助金研究成果報告書.

Gennep, Arnold van, 1909, Les Rites de Passage: Étude Systématique des rites, Paris : Librairie Critique（＝1995『通過儀礼』弘文堂.）

ベック，ウルリッヒ，2011，「個人化する日本社会のゆくえ——コメントに対するコメント」ウルリッヒ・ベック・鈴木宗徳・伊藤美登里編『リスク化する日本社会——ウルリッヒ・ベックとの対話』岩波書店.

田川玄, 2005, 「民俗の時間から近代国家の空間へ——オロモ系ボラナ社会におけるガダ体系の時間と空間の変容」福井勝義編『社会化される生態資源——エチオピア　絶え間なき再生』京都大学出版会.

三上剛史, 2010, 『社会の思考——リスクと監視と個人化』学文社.

吉見俊哉・若林幹夫・水越伸, 1992, 『メディアとしての電話』弘文社.

吉見俊哉, 2004, 『メディア文化論——メディアを学ぶ人のための15話』有斐閣.

都市の若者達の社会関係を映すケータイ利用

　独立後の政情不安を乗り越え、人口が増加し、経済成長を遂げたウガンダ共和国の首都、カンパラ。新しく建設されてゆくショッピングセンター、夕方には身動きがとれなくなるほどの交通渋滞、そして夜中まで酒が飲めるバーに人は絶えない。その盛り場では、出身民族が異なる若者達が集団をつくり、ショーを披露している。このショーは、アメリカのミュージシャンが歌うR＆Bやカントリー・ミュージック、地元のウガンダ人のポップスなどに合わせて、ダンスや芝居を行う音楽エンターテイメントである。パフォーマーである若者達は、知らない相手でも次々に受け入れる即興性をもち、ショーをつくり上げては小銭を稼いでいく。2007年にそんな彼らを対象にした調査を始めて以来、わたしにとってケータイは欠かせないアイテムである。互いが別々の場所に住み、所属する集団や住む場所を頻繁に変える彼らをつかまえるためにケータイは大活躍するのだ。そしてもちろん、パフォーマーである若者達にとってもケータイは必需品だ。たとえば、ショーを行う契約を手に入れる時だ。まず、バーに売りこみに行って自分たちのケータイ番号を渡す。そしてケータイにバーのマネージャーから公演依頼がくると、すぐさまパフォーマー仲間にケータイで連絡し、メンバーを確保、ショーを成立させる。ただし、ケータイの活躍は通信のみにとどまらない。若者達は普段、ショーで使用する曲を、コンピューターがある「ライブラリー」と呼ばれる店でCDに焼いて手に入れ、それをプレーヤーで再生しながら、練習を行う。しかし電気の供給が安定しないカンパラでは、停電することも多い。すると、彼らはケータイから音楽をかける。彼らは無線通信でデジタル情報の交換が可能なブルートゥースや、ケータイに内蔵できるメモリーカードを使って、音楽を自分のケータイに取りこんでいるのだ。メモリーカードを使うと、盛り場のコンピューターに自分の希望する曲を移すことも可能だ。ケータイで人と音楽を集めながら軽々とショーをこなしていく彼らの様子は、さまざまな人々が入り混じった都市の中で、ビジネスを進めていくために瞬時につながったり離れたりできる若者達の社会関係を映している。
　一方、ケータイの使用から観察されるプライベートな彼らの社会関係も興味深い。2000年代後半、中東系資本の携帯電話会社ワリッドが同じワリッドの回線どうしであれば、約50円を加金した時点から「24時間通話し放題」、というサービスを導入した。その直後から、長電話をするカンパラの人々をみることが日増しに多くなった。たとえば男性パフォーマーA。彼の長電話の相手は、頻繁に会うことのできる友人が多い。くり広げられるのは、彼が携わるショー・ビジネスとはほぼ関係のない互いの様子を聞きあうプライベートな会話である。彼は、友人からの苦情の電話だとわかっていても、電話に出る。そして相手に悪態をついて電話を切る。でも、またかかって

きた電話にも出る。ずっとつながり続けるのだ。流動性が高く次々と新しい相手と出会うような都市社会でありながら、そこにはつながりの強い社会関係もまた存在しているかのようにみえる。

　ある日Ａは、ケータイでとんでもないことに陥った。Ａのケータイに知らない男性から間違い電話がかかってきたことからそれは始まった。その男性（以下、Ｂ）は、電話越しにＡをくどき始めた。同性愛者のＢはＡの声を聞いて気に入ってしまったとのこと。Ａは、その気持ちにこたえなかったものの、その後もかかってくるＢからの着信を拒否することはなかった。そしてある時、Ａの友人であるパフォーマーの男性Ｃから借りていたメモリーカードに、Ｂとの会話を後で自分が聞いて楽しむために録音した。その後、Ａはその録音を消すことをすっかり忘れてＣにカードを返してしまった。それを聞いたＣは、Ａを同性愛者だと思いこみ、Ａを嫌悪するとともに、その録音をＡとＣの共通の友人達に聞かせてまわったのだ。そのうちＣの行動がＡの耳に入り、Ａは落ちこみ、腹を立てていた。ＡとＢが互いに顔を合わせずに電話し続けること、ＡとＣがその録音をめぐり互いに陰口を言いあう様子は、ビジネス上で頻繁に相手を変えてひとつの人間関係に固執しないともとれる、彼らの違う側面をみたような気がした。

　帰国後、Ａに電話をかけると、「今めちゃくちゃＣと仲がいいんだ」という元気な声。「え？　あれ？」というわたしのとまどいを吹き飛ばす彼の笑顔が浮かぶ声。そういえば、電話上で喧嘩していたＡの友人も、翌日にはＡを訪ねてきていたことを思い出す。つまりこういうことだろうか。ケータイを使って人と音楽を集めビジネスに打ち込む若者達に、わたしはすぐに相手と対峙できる即興性の高さを捉えた。さらにプライベートなケータイの使用状況からは、彼らが互いの関係性を毎回更新できる柔軟性をもつと考えられるのではないか。ビジネスとプライベートの両側面をケータイの利用を通して観察した時、彼らのもつ社会関係がより具体的にみえてくる。ただし将来的には、普段会える人ともケータイで頻繁にコミュニケーションがとれるようになることが、これまでの対人関係にあらたな変化をもたらすことも考慮すべきかもしれない。迫り来るコミュニケーション・ツールの発展に対してカンパラの若者たちがどのような対応を図るのか、どう使いこなすのか、興味は尽きないところである。

（大門　碧）

Chapter 4 ザンビア農村における女性のくらしとケータイ

「みんなフォーンを欲しがっているけど、どうせエアタイムを買うことに追われて大変なだけ。そうまでして欲しいとは思わない。ねぇ？」ザンビア南部のM村に暮らす農婦エゼルは、2006年のある朝、現地NPOが主導する開発支援プログラムのための労働奉仕に向かう途中、連れ立った近所の主婦仲間とのおしゃべりの中でこんな話をしていた。この地に暮らす農耕民トンガの言語にはもともと、電話を意味するルワイレという名詞があるが、彼らのくらしにあらたに登場したケータイは、国の公用語である英語名を用いて「フォーン」と呼ばれている。この頃、村でケータイを所有していたのは、まだ一部の限られた人々であった。彼らは、仕事の都合で使用の必要に迫られたり、購入する給与所得のあることが、所有のきっかけとなった人々である。当時、自給を主とする農業で生計を立てる多くの村人、とりわけ、家計を日々やりくりしている既婚女性たちにとって、ケータイのような奢侈品を持つことはハードルの高いことであった。

ザンビアにはじめて訪れた2004年、人口100万人の都市である首都ルサカでも、ケータイは一般の人々にはそれほど普及しておらず、わたしは腕時計をして歩いていると、道行く人に「いま何時？」と頻繁に尋ねられた。その頃、一部のエリートの間では、ケータイを首から下げて持ち歩くスタイルが流行っていて、それがいわばステイタスのようであった。ルサカから200kmほど離れたM村では、ケータイは電波が届く場所を探せば利用できるにもかかわらず、所有している村人はほとんどいなかった。電気の通わない村で、ソーラーパネルやテレビを備えた家に住む学校の教師たちが、ケータイを持ち始めたのがこの頃だった。彼らのケータイはすぐに、村の「公衆電話」となった。教師らは、村人が自分の連絡先として遠方の親族へ勝手に番号を広めたことによる着信の嵐に快く応対していた。人々は、着信があったと聞いては、時に胸躍る表情で、時に険しい眼差しで、先生のところへ一目散に駆けつけていた。

あれから5年が経った。ルサカのバスの乗客たちは、通話やメールの送受信

に忙しい。市立図書館で、使用に関する罰金の貼り紙を見かけるまでになった。わたしはもう誰からも時間を尋ねられることはない。M村でも、ケータイを持っている人を見かけることが確実に増えた。なかでもわたしが意外だったのは、村の女性たちの間にも、男性と同程度に所有が広まっていたことである。あのエゼルも、現在では「もう、フォーンのないくらしなど考えられない」と語る村人のひとりである。彼女たちはどうしてケータイを持ち始め、愛用するようになったのだろうか。

1　農村におけるケータイの普及――トンガのM村を事例に

1. ケータイの所有状況

　M村の住人約260人のうち、調査を実施した2010年12月から2011年1月にかけてケータイを所有する人の数は、これまで所有していたことのある人を含めて、計45人（全52世帯中30世帯）であった。この45人のうち、男性は23人、女性は22人で、ケータイ所有者の約半数が女性であった。年代別にみてみると、所有者は10代から70代までと幅広いが、6割は20代と30代の若年世代である。

　所有者がケータイをはじめて入手した年をみてみると（図4-1）、やはりこの数年で所有し始めた人が多い。一方、その入手時期について、2010年を事例に月別にみてみると（図4-2）、村人がケータイを所有し始める時期には、年間のうち8月から11月までに集中する傾向がある。これは、すべての農作業が終了してから次のシーズンの農作業が始まるまでの農閑期に一致する。つまり、村人によるケータイの入手時期の傾向は、彼らの季節性を伴う生業活動と関係している。

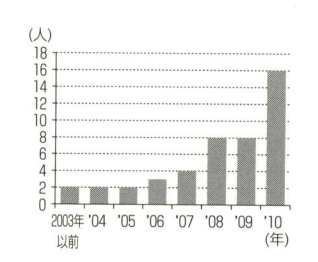

図4-1　1台目の入手年〔N=45〕

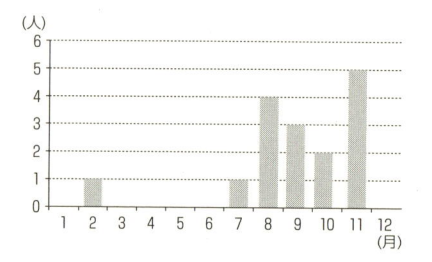

図4-2　入手月（2010年）〔N=16〕

2. ケータイの入手

では、村人がどのようにケータイを入手しているのかみていこう。45人の所有者が最初にケータイを入手した方法について調べてみると、町の販売店に出向くか知人を介して新品を購入した人は17人で、中古の購入者9人を含めると26人が自ら購入していた。一方で残りの19人は、新品や中古のケータイもしくはそれを購入するための現金を他者から贈与されたことが、ケータイ所有のきっかけであった。これを男女別にみてみると（図4-3）、自ら購入した人の割合は男性が多いのに対して、誰かから贈与された人の割合は女性に多いことが明らかとなった。すなわち、M村で女性にも男性と同程度の割合でケータイが普及している背景には、贈与による入手が広くみられるからである。では、なぜ女性は男性に比べて、ケータイを購入することが少ないのだろうか。また彼女たちは、誰からどのような機会にケータイを贈与されるのだろうか。

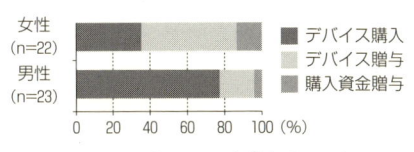

図4-3　1台目の入手方法〔N＝45〕

(1) 購入する場合

所有者45人が購入した1台目のケータイの平均価格は、新品の場合が21万7000クワチャ[1]、中古が9万3000クワチャであった。これらの価格は、村における物価[2]を考慮するといまだ高価で、中古のケータイは新品のものに比べて格段に安いことが人々にとって魅力となっている。新品は多くの場合、町の商店で購入されるが、中古は親族や友人知人の使い古しが購入される。

ケータイを購入した人々は、購入資金をどのように工面したのだろうか。多くの人は、自給を主とする自営農業を主生業としており、定期的に現金収入を得られるわけではない。したがって、彼らが現金を用立てるもっとも一般的な方法は、畑から収穫した農作物や自宅で飼養している家畜や家禽の売却である。

売却できる農作物が穀倉に十分にあるのは収穫後の農閑期である。家畜や家禽については、世帯の中の個人にそれぞれ所有権があるのに対して、家族が協働で栽培し収穫した農作物に、女性個人の自由な裁量で売却できるものはない。世帯の穀倉に入れられた収穫物の消費や売却については、夫（家長の男性）に決定権がある。作物を売却して得た現金についても夫が管理し、妻はその現金収

入の使途を知らされないこともある。女性が現金収入を得て、それを自由な裁量で使用できる作物は、植え付けから収穫までの作業を女性個人で負う一部の作物の自給余剰分のみである。ただしこのような作物は、牛耕を用いて家族全員で大規模に生産する他の作物の栽培や家事労働の合間に、手鍬耕作によって個人で生産するため、得られる収入は小規模なものである。

　他世帯の畑での雇用労働も、男性は牛耕、女性は手鍬による除草作業が中心で、半日従事した場合の労働対価は、牛耕が5万クワチャであるのに対して手鍬は2500〜4000クワチャで、得られる金額の男女差が大きい。また、村人は男女ともに、農閑期にもさまざまな非農業活動を行って稼いでいるが、現金収入を多く得られる就業機会は、女性の場合は男性に比べて限られている。

　男性が現金収入をケータイをはじめとする奢侈品や資本集約財の購入にも使用できるのに対し、女性は自身の稼ぎの大半を食料や日用品の購入、子どもの学費など、家族の日常生活を支えるための支出にあてている。夫がケータイを所有していない場合には、妻が夫に先んじてケータイを購入することは難しい。これらのことは、男性の威信や権威の維持に関わるジェンダー規範と関係している。すでにケータイを所有している男性の中にも、妻が同じくケータイを所有することを好まない人がいる。20代前半のある新婚夫婦の事例をみてみよう。

　【事例】
　夫のオスカーは、町で姉の家に居候しながら高校へ通っており、妻のジェーンは幼子とともにM村で夫の実家に暮らし、義母の農作業や家事を手伝っている。オスカーは、ルサカでブタを一頭売却して購入した1台目のケータイを自身の教師の妻に売却し、その売却金を元手にあらたに購入したNOKIAの多機能ケータイを愛用している。オスカーは、流行りの音楽を聴きすぎてすぐにケータイの充電を切らしてしまうので、毎週末の帰村用にもうひとつ、友人から購入した中古の安いケータイを持っている。一方でジェーンは、村の女性たちを相手に得意の髪結いで少しずつ稼ぎ、ケータイの購入を果たした。ジェーンは、週末に村へ帰ってくるオスカーが週明けに再び町へ戻る時、自身のケータイの充電を彼に頼んで託す。しかしオスカーは、次の週末に帰った時も、その次の週末にも、なかなかジェーンのケータイを持ち帰ってくれない。ジェーンにとって、ケータイは離れて暮らす夫との連絡手段として大切なものであるが、オスカーの方はどうやら、ジェーンの浮気への恐れから、彼女がケータイを持つことを

あまりよく思っていないようである。

(2)贈与される場合

ケータイの他者からの贈与に関しては、購入資金よりも端末自体を贈られることの方が一般的である。M村のケータイ所有者について、彼らが誰からケータイを贈与されたのか表4-1に示した。

まず女性の場合には、夫や他村に住む婚約者、あるいは親しい友人男性や男性雇用主など、プライベートや仕事上で彼女達との連絡手段を確保したい男性側から買い与えられることがある。

父親の財産を元手に多様なビジネスを展開する30代のパスカルは、以前妻に買い与えたMTN端末の電池のもちが悪くなったため、再度MTNの新品端末を妻のために購入した。しかしこの2台目のケータイにも早々に不具合が生じた。安いMTN端末は、電池に不具合が生じやすいことを他の村人もよく嘆いている。パスカルはなぜ妻の2台目に、違う会社の端末を買わなかったのだろうか。パスカルいわく「妻はMTNフォーンが好きだから」だそうである。そのやり取りを聞いていた妻は後で私に、「操作が簡単なZainのフォーンが欲しいのだけれど、彼はいつもMTNをくれるの。それが一番安いからよ」と笑って話した。パスカル自身は、新品で購入したNOKIAの機種を利用している。

元町医者の60代のリチャードも、NOKIAの新品を自分用に購入し、モトローラの新品を妻に買い与えた。NOKIAといえば、村人の多くが「もっとも丈夫で良いケータイ」と評するメーカーである。どうやら男性たちは、自分はNOKIAのような「良い」ケータイを愛用し、妻には自分のものより「劣る」ケータイを贈るようである。

近年、携帯電話会社の顧客獲得競争による端末の低価格化により、多少とも金銭的に余裕のある男性であれば、妻にケータイを買い与えることが可能となった。また、端末機種とその価格帯が多様化したことにより、単にケータイを所

表4-1 1台目を贈与された相手
〔N=19〕

相手	居住地	女性	男性
母 (a)	都市部	0	1
息子／娘		2	1
兄／姉		4	1
弟／妹		2	0
イトコ		0	2
姪		1	0
夫	農村部	2	0
婚約者		1	0
友人男性		1	0
雇用主男性		1	0

注(a) 死後相続

有することよりも、「良い」ケータイを所有することがステイタスとなりつつある。その結果、夫のいる女性が以前よりケータイを所有しやすい状況が生まれていることも指摘できるだろう。

そのほか、村人にケータイを贈与してくれた相手は、彼らと親族関係にある人々で、その親族はすべてザンビア国内の都市居住者である。その居住地はルサカがもっとも多く、次いで多いのは同じ南部州内の他県の町であるが、M村から 1000km 以上離れた北部の都市に住む人もいる。村では毎年、数日から数週間、家族を置いて単身で家を空け、遠方の都市に住む親族を訪問しに出かける人を見かける。村人はそういった都市短期訪問の機会に、訪問先の親族からケータイをもらってくるようである。

村人が親族からの贈与をきっかけにケータイを持つようになったのは、ここ 5 年くらいの間のことである。都市民の間でケータイが普及し、あらたに買い換え始めた結果、彼らは使い古したケータイを農村に暮らす親族へ贈るようになった。また、ケータイの低価格化により、都市で働く人にとって、安価な機種は容易に購入することのできるものとなったため、新品のケータイも農村の親族へ贈られるようになっている。では、村人が親族からケータイを得る機会となる、彼らの都市短期訪問についてみてみよう。

2 都市短期訪問

M村の全世帯主とその配偶者88人による、2006年4月〜2008年3月までの過去3年間の訪問歴を調べたところ、約7割の人が1回以上、県外のどこかを訪問していた。このような訪問の特徴として、余暇時間のある農閑期に集中していること、期間はたいてい1週間以上1ヵ月未満であること、訪問先は主に都市部在住の親族であること、および、夫婦同伴は少なく単身で出かけることがわかった。既婚者のうち、移動に制約がありそうな妻達も、むしろ夫たち以上に高い割合で家を空けている。妻が遠方に出かけるとなると、夫は妻の不在中の家事や子どもの面倒を担ったり、なかには交通費と小遣いを渡して妻を送り出す男性もいる。

トンガの社会では一般的に、男性は自身の不在中のことについて妻に説明す

る義務はない。これに対して、女性には、居所が不明確な場所に長期間出かけることに関して制約がある。ただし、都市短期訪問に限っては、妻の訪問先が夫も顔見知りの親族であり行き先が誰にも明確であること、妻はたいてい親族から得た食糧などの援助物資を持ち帰るために家族が助かること、夫にとって妻に親族とのつながりを維持させることは自身の社会的ネットワークの拡張と維持にもつながることなどから、男性側に受け入れられやすい移動である。

都市に主に暮らす遠方の親族を訪問した理由を村人に尋ねると、「ただ会いに出かけた」といった返事がもっとも多い。女性の場合はたとえば、「ただおしゃべりしたり、ソファーに座ってテレビを見て過ごした。市場へ出かけて安くてかわいい子ども服を見つけた。ヘアサロンにも行ったわね」などと答える。彼女たちは訪問中に、家事労働から解放され、羽を伸ばして非日常的な暮らしを楽しみ、農繁期の重労働の疲れを癒しているようだ。訪問の具体的な目的が示された答えには、病気見舞いや結婚式、葬式への参列が多い。

職探しや金銭的援助の依頼といった経済的な訪問理由を答える人は少ないが、実際には訪問先の親族から現金やさまざまなものを贈与される。女性の場合、現金やケータイなど、男性と比較して自分たちが得にくいもの、またトウモロコシ粉などの食糧や古着といった、女性個人だけでなくその家族のためにもなるものを贈られることが多い。もらったケータイを所有することは、それが自ら現金を使い購入したものではないことから、男性から受け入れられやすい。

では、村人はどのようにして遠方を訪ねる交通費を工面しているのだろうか（図4-4）。彼らは、訪問先の親族から交通費を援助してもらえることを見越して、近くに住む知人や親族に借金をして出かけることも多い。だが訪問件数のうち約半数は、女性も男性も何らかの現金稼得活動を行い、自ら交通費を工面していた。

先に述べたように、女性は個人的な現金稼得活動から得た収入の多くを家族の支出のためにあてている。このような傾向は、先行研究において、女性の現金稼得によるエンパワーメントの限界性として指摘されてきた。しかし、一方で女性たちは残りの稼ぎを、ビジネスを継続するために用いるほか、遠方を訪問するため

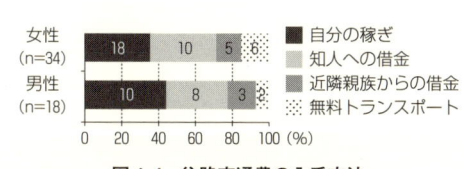

図4-4 往路交通費の入手方法

の交通費や儀礼の祝儀、友人への贈り物の購入、各種組合・グループ活動にあてている。つまり、女性は自分の自由になる現金を、奢侈品の購入などに用いることをしない／できない代わりに、自身の社会的ネットワークの確保や維持に関わる支出にあてているのである。

3 村でケータイを利用する

1. エアタイム残高と充電の維持

　冒頭で紹介したエゼルは、ルサカの親族からケータイを贈与された。彼女はそれを所有することに関する心境の変化について、次のように振り返る。「実際にフォーンを持つ前は、持つこと（充電やエアタイムの購入）がとても簡単なことだって知らなかった。たとえば、ピースワーク（短期バイト）を半日もすれば、（主食であるトウモロコシの）製粉代に3000クワチャ使っても、2000クワチャ分のエアタイムを買える。それで十分に使えるのだから、思っていたよりも簡単なことよ」。ケータイは村人にとって、入手さえしてしまえば、使い続けることはそれほど難しいことではないようだ。

　まず、通話やメールを行うためには、常にエアタイムを購入しなければならない。それを自ら頻繁に購入する／できるのは、端末の購入と同じく、現金所得の多い一部の村人に限られる。しかし、必要最低限のエアタイム残高さえ維持することができれば、誰でもケータイを使用し続けることが可能だ。

　村人は誰かと通話をしたい場合はたいてい、話したい相手の番号にページング（「ワン切り」）をして、その相手からかけ直してもらうといった方法を用いる。相手からもページングで返された場合は、相手もエアタイムを購入する現金がないことを意味し、そこでやり取りは終了してしまう。ただし村人がページングをする相手は多くの場合、都市に暮らす人であり、自分よりエアタイムを容易に購入できる人である。逆に都市にいる人は、同じ都市民からのページングは冷たくあしらうことができても、村の親族からのページングに応えないわけにはいかないという。

　しかし、エアタイムの残高がまったくないと、通話に比べて格安のメール送信どころか無料のページングさえできない。さらに、エアタイムの残高が長期

間ゼロのままだと、SIMカードは自動的に無効となってしまう。したがって村人は、最低限のエアタイム残高を維持する必要があるが、それすら自ら工面できない場合には、都市に住む親族や友人に頼んで、ケータイを介してエアタイムを送ってもらうこともある。

　また、ケータイを使用するためには、電池を充電し続けなければならない。その場合、学校教員や一部の富裕層の村人など、ソーラーパネルとバッテリーを所有する人々にケータイを預けて充電を依頼する。充電料金はソーラーパネルの所有者によって異なるが、通常2500〜3000クワチャであり、その料金は依頼者との個人的な関係性によっても異なる。したがって、同一世帯内でもたとえば、夫と第一夫人、第二夫人、子どもの各々が充電を依頼する相手は必ずしも同じではない。電気が通う町の充電屋まで行けば、2000クワチャで充電することができる。村人は、頻繁に町へ出かけることができるわけではないが、町へ出向く用事ができた家族や近所の知人を見つけては、自身のケータイと現金を託し、代わりに充電してきてもらう。人々は、充電した電池をなるべく長くもたせるためと、睡眠を邪魔されたくないという理由で、就寝前には必ず電源を切り、翌朝の起床時か畑から自宅へ戻る昼頃に電源を入れる。

2. 恋愛ツールとしてのケータイ

　年若い青年たちにケータイを見せてもらうと、メールの履歴は完全に消去されていることが多い。トンガの男性ならたいてい何人か恋人を持っており、彼女達にメールの履歴を見られるわけにはいかないからである。村人に、ケータイを所有するようになったことによる暮らしの変化を尋ねると、「以前より手紙を書かなくなった」という答えが多い。なかでも、せっせと恋人へ向けたラブレターを書くことが多かった若い青年たちが、現在では学校のノートの切れ端の代わりにメールを用いている。ケータイのメールが恋愛ツールとして活用されているのだ。

　メールでは、自分たちが慣れない英語で（トンガ語ではダサいらしい）、しかも短い文章で、相手の気持ちを高揚させるような素敵なフレーズを送らなければならない。青年たちは、町の友人に教わったり自分で思いついた数十単語のフレーズを頻繁に持ち寄っては交換し、日々、モテるための努力をしている（表4-2）。

表 4-2 ノートにメモされたある青年のお気に入りの恋愛メッセージの一例

I've opened an emotional account 4 u, so deposit yo love and I'll make sure u got 100% interest and love.
君のために気持ちの口座を開いたから、愛を預けて。そうしたら君は、100%の利子（僕に対する興味）と愛を受け取れるはずさ。

　また、父親のウシを借りて薪用の木材を切って売るといったことのできる青年に比べて、小遣いが得にくい少女たちにとって、ローションなどの日用品は恋人にねだって買ってもらうのが常であるが、今ではエアタイムがそのおねだり品のひとつとなっている。端末を購入することのできない少女たちも、自身のSIMカードさえ持っていれば、周りの誰かの端末を借用して恋人とやり取りができる。青年のなかには、離れた村に住む恋人へ恋愛メッセージを届けるために、中古で安く手に入れた端末自体を恋人に贈る者さえいる。

3.「宅電」・「留守電」としてのケータイ

　ケータイが過半数の世帯に普及した現在でも、若者のメールを用いた恋愛コミュニケーションを除いて、村人の間のやり取りは基本的に、徒歩や自転車で自ら会いに出かけるか、口頭や手紙による人づての伝達が主な手段となっている。村落内や村落間における日常の遠隔コミュニケーションに、ケータイの通話やメールが登場することは稀である。ケータイをビジネスに用いている人もごく一部である。

　村では、通話とメール送受信以外の目的でケータイを使用している人は、音楽や動画を楽しむ一部の若い男性を除いてほとんどいない。メールの送受信については、若者を除いて、たとえ読み書きができてもその方法を知らない人は多い。ただし、母親が中学生の息子にメールの返信を頼んだり、購入したエアタイムのチャージ方法を知らない老女を近所の女学生がサポートするといったやり取りは日常的に行われている。

　ケータイは、自宅にいる時は家屋内の寝室やリビング、また女性の場合には屋外の台所小屋など、屋敷地の中でもっとも電波がよい場所に置かれる。ラジオのように、家屋の軒下の外壁や庭先の大木の幹に吊るされている光景を目にすることも多い。所有した当初は、その嬉しさからか農作業時にわざわざケー

タイを持って行って畑の隅に置いていた人も「仕事の邪魔になるからやめた」といい、村人は町へ行く時などを除いて村内では基本的に持ち歩かない。使用が必要な時にだけ電源を入れる者も少なくない。

　ケータイを自分で所有していない人は、家族の誰かのものを借用する。たとえば、先に紹介したパスカルの父親はケータイを所有していないが、彼の2人の妻はそれぞれルサカに住む自身の姉や息子から贈与されて持っている。パスカルの父親は、ケータイを持たない理由を尋ねたわたしに笑って首を振り、「フォーン？　必要があれば、妻や息子たちのがあるから問題ない。わたし自身は、そんなの持ちたいとも思わないのだよ」と答えた。また別の女性にケータイの電話帳を見せてもらったところ、やはり、ケータイを所有しない夫によって、彼の親族や友人の番号が彼女のケータイの中に多く登録されていた。

4. ケータイを所有する理由——「マペンジ」

　以上のような、村人の間に見られる「持ち歩かず、誰かから電話がかかってくる／メールが送られてくるのを待つ、連絡する必要のある時に相手にページングしてかけ直してもらう、家族で共用する」といった、いわば宅電・留守電的なケータイの使用のしかたは、彼らがケータイを持つ理由にも関係している。

　ケータイを持つ理由を尋ねると、村人は異口同音に、「遠方に暮らす親族や友人とコミュニケーションをとるため」と答える。ケータイを誰かに贈与された人も自ら購入した者も、遠方の親族や友人とのコミュニケーションをとる目的について、「マペンジ」という言葉を用いて説明することが多い。マペンジとは、「問題」や「不幸」、「不運」、「災難」といった意のトンガ語で、家族の疾病や死亡、経済的困窮をはじめとする、暮らしの中で直面するさまざまな苦難を指す時に用いられる言葉である。すなわち、村人がケータイを所持する理由には、現在のところ、つねに誰かとコミュニケーションを図っていたいというよりもむしろ、「何か困った時に、すぐに、誰かに知らせたり救済を求めるための手段を、常日頃から確保しておきたい」という、いざという時の「保険」的な意図が強く含まれている。

4　情報通信技術とジェンダー

　アフリカ地域をはじめとする第三世界における社会経済開発の分野では、ケータイやインターネットといった情報通信技術（ICTs）の普及が、それを活用する人々に対して、情報の収集や知識の共有のためのあらたな機会を創出し、彼らの経済機会を拡大し、基礎社会サービスへのアクセスを改善するなど、開発の促進に寄与することが期待されている（SDC 2005）。そして、ジェンダーに関する開発政策では、ICTs の普及と活用を通じた女性のエンパワーメントが謳われている（Gurumurthy 2004; Melhem et al. 2009）。実際に、ケータイの普及による女性のエンパワーメント効果が報告されている。

　たとえばナイジェリアに関する先行研究では、織布業に従事する女性がケータイを利用してビジネスを促進した事例（Jagun et al. 2008）や、女性隔離の宗教規範が支配的な地域のムスリム女性がケータイを通じて顧客と直接交渉できるようになった事例（Comfort and Dada 2009）が報告されている。ザンビア政府においても、ICTs への若年層と女性全般の参加を促し、彼らのエンパワーメントと国家の ICTs 分野の成長を促進することを政策課題としている（MCT 2006）。しかしながら、ICTs の普及が女性のエンパワーメントに寄与した事例は現在のところ限られており、女性たちにそのような開発効果が自動的にもたらされるわけではないことに留意する必要性が指摘されている（Kyomuhendo 2009）。Wakunuma（2006）は、ICTs の普及によって女性のエンパワーメントがもたらされるためにはまず、女性の社会経済的権利、社会的公正、ICTs 利用の重要性を理解するための知識、および常に更新される技術に対応するための資本といった生活の諸要素が女性に保障される必要があると主張している。

　同時に、ICTs にアクセスが可能な人々とそうでない人々との間の情報格差（デジタル・デバイド）の問題が指摘されており（Sikhakhane and Lubbe 2005）、地域間（農村―都市間）に加えてジェンダー間の格差が広く指摘されている。Wakunuma（2006）は、ザンビアでは 1990 年代にケータイやインターネットといった ICTs が導入されて以降、ケータイやインターネット・カフェの利用者が急増するなかで、それらを活用しているのは主に都市部の住民と男性であることを指摘し、その格差の要因として、家父長的、覇権主義的かつ階層的なザンビア諸社会の

特徴を基盤とする、雇用と教育機会のジェンダー不平等をあげている。さらに、ケータイを所有している調査対象者が男女ともに共通して、ケータイを持つことによって、遠方を訪れるのにかかる費用が削減されたこと以外には、日常生活に何ら変わりはないと回答する状況を指摘し、むしろ、妻によるケータイの所有は、時として夫の嫉妬による夫婦間の不和をもたらすこともあり、女性の置かれた状況の悪化につながる恐れがあることを示唆している。

　また、女性は都市への移動が男性より限られていることが、彼女たちのICTsへのアクセスに関する制約要因であるとされてきた。移動の制約には、女性は育児や家事などの再生産労働を担っているため家を空けることが難しいこと、妻の浮気を心配する夫からの理解が得られにくいことなどが理由としてあげられる。さらに、男性が民族的境界を越えた地域的な影響力を誇示するのに対し、女性はローカルなものの表象であり、社会的境界を通じて女性性が表現されやすい（速水 1998）ということも考えられる。

　トンガ社会においても、奢侈品の所有や現金収入、移動などに関して、女性に対する制約は確かにある。しかしそのなかで、トンガの女性達は自らの持つ社会関係を活用し、時にそれに折りあいをつけながら、ケータイを入手し利用している。ケータイは、女性と夫をはじめとする男性、都市親族や家族とのさまざまなつながり、そのつながりのあり方の機微、および農村のくらしにおける生活者の論理の中で、女性をとりまく社会の中に埋めこまれている。そうして明らかとなった女性の姿は、ICTsによる女性のエンパワーメント推進論が想定するような、情報メディアとしてのケータイを最大限に活用し戦略的に自己をエンパワーするものでもなく、また、デジタル・デバイド論のように、ジェンダーにまつわる規範、役割および関係性のために、ケータイをはじめとするICTsの恩恵から周縁化されていくというものでもなかった。

　M村において女性たちがケータイを持つことによって、彼女らのエンパワーメントがもたらされたかどうか、また今後もたらされるのかどうかは、わたしにはまだわからない。しかし、少なくとも次のことがいえる。ケータイという技術が活きるためには、まず社会をその技術が活きるように変革しなくてはならないということではない。むしろ、社会の中で女性たちのエージェンシーが発動され、ケータイが彼女たちの「フォーン」として飼い慣らされていくなか

で、ケータイという技術が活きる場と女性たちのエンパワーメントが見出されていくのであろう。 　　　　　　　　　　　　　　　　　　　　　　　　　（成澤　徳子）

＊注

(1) ザンビア・クワチャ；現地通貨。5000 クワチャ ≒ 90 円（2010 年 11 月）。
(2) たとえばトウモロコシの売却価格は 50kg あたり約 6 万 5000 クワチャ、ニワトリの売却価格は 1 羽あたり約 1 万クワチャ、商店における砂糖の販売価格は 1 袋約 70g あたり 500 クワチャ（町では 1kg あたり 5500 クワチャ）。

＊参考・引用文献

Comfort, K. and J. Dada, 2009, "Rural Women's Use of Cell Phones to Meet Their Communication Needs: A Study from Northern Nigeria," I. Buskens and A. Webb eds., *African Women & ICTs: Investigating Technology, Gender and Empowerment*, London: Zed Books, 44-55.

Gurumurthy, A., 2004, *Gender and ICTs: Overview Report*, Brighton: IDS（Institute of Development Studies, UK）.

Jagun, A., R. Heeks and J. Whalley, 2008, "The Impact of Mobile Telephony on Developing Country Micro-Enterprise: A Nigerian Case Study," *Information Technologies and International Development*, 4(4): 47-65.

Kyomuhendo, G. B., 2009, "The Mobile Payphone Business: A Vehicle for Rural Women's Empowerment in Uganda," I. Buskens and A. Webb eds., *African Women & ICTs: Investigating Technology, Gender and Empowerment*, London: Zed Books, 154-165.

Melhem, S., C. Morrell, and N. Tandon, 2009, "Information and Communication Technologies for Women's Socioeconomic Empowerment," *World Bank Working Paper*, 176, Washington DC: The World Bank.

MCT（Ministry of Communications and Transport）, Republic of Zambia, 2006, *National Information and Communication Technology Policy*, Lusaka: MCT.

SDC（Swiss Agency for Development and Cooperation）, 2005, *SDC ICT4D Strategy*, Berne: SDC.

Sikhakhane, B. and S. Lubbe, 2006, "Preliminaries into Problems to Access Information: The Digital Divide and Rural Communities," *South African Journal of Information Management*, 7(3), (Retrieved, 2006, http://www.sajim.co.za/index.php/SAJIM/article/view/273/264).

Wakunuma, K. J., 2006, "Gender and ICTs in Zambia," E. M. Trauth ed., *Encyclopedia of Gender and Information Technology*, Hershey: Idea Group Reference, 417-422.

速水洋子，1998，「「民族」とジェンダーの民族誌——北タイ・カレンにおける女性の選択」『東南アジア研究』35(4): 852-873.

Column 5

レジリアンスとセーフティネット

「今年収穫したトウモロコシがもうすぐ底をつくから、最近1日2食しか食べてないよ。1食で食べる量も減らしているし。何か送っておくれよ」

南部アフリカのザンビア南部州農村に住む老女が、首都ルサカで働く娘にケータイで連絡した。2日後、娘は準備した現金を、母の家近くを通る高速バスの運転手に託した。受け取った老母はすぐさま、「ついさっきお金を渡されたよ。しばらくは1日3食、腹いっぱい食べられる。助かったよ」と再びケータイを用いて、礼を言った。

上記の老女の行動を理解するため、ここでは「レジリアンス」という概念を紹介する。レジリアンスとは、あるシステムがショックや攪乱を受けた際に、構造、機能、独自性を保持する能力である。すなわちレジリアントなシステムは、問題の発生時、被害を受けない頑強さ、ショックを吸収する力、被害から回復する力をもつ。

また、レジリアンスと表裏一体の関係にあるものとして、脆弱性があげられることが多い。それは、レジリアンスが低くなれば脆弱性が高くなり、レジリアンスが高まれば脆弱性が低くなるという考え方である。ただしレジリアンスはシステムを保持する能力とされるが、一方脆弱性は危機・緊張・衝撃に対処する能力が十分ではないという内的要因による危険性のみならず、危機・緊張・衝撃に晒されるという外的要因による危険性からも構成される（島田 2009）。レジリアンスに関わる能力を発揮する際の条件としては外的要因も重要であるため、レジリアンスを考える上でも外的要因を考慮することは必要であろう。

このレジリアンスという概念は生態学において成立し、人文社会科学へ適用されていった。その成立や発展の過程を梅津（2010）は以下のように説明した。レジリアンスは、Holling（1973）によって生態学の概念として提唱された。初期のレジリアンスは、攪乱を受けた生態システムが攪乱以前の初期の均衡に戻る回復時間として定義され、回復時間が短いほど攪乱に対するレジリアンスは高いとされた。当初は単一均衡のシステムが想定されていたが、その後は複数均衡、非線形、レジームシフトなどの複雑系の概念を取りこんでいった。社会生態システムのレジリアンスに関する研究は、1980年代後半に創出されたエコロジー経済学と時を同じくして発展した。また1990年代以降のレジリアンス研究では、攪乱やショックを受けたシステムが別のレジームへ変遷することなく許容できる攪乱の量である閾値や、システムが自ら再編成（transform）する能力がより重要視されている。

つまりレジリアンスの概念を用いることによって、自然科学のみならず人文社会科学の領域においても、問題解決のメカニズムやシステムの能動的な再編成を動態的に捉えることが可能になるのである。そこで、冒頭のエピソードをレジリアンスの文脈

で考察する。

　従来ザンビアでは知人間での支援は対面交渉後に行われ (Cliggett 2005)、そのため日常的行動範囲の狭い農村部住民間のセーフティネットは比較的近隣の村々の範囲で機能していた。この状況に大きく影響を与えた変化として、2000年代に急速に進んだケータイの浸透があげられる。この浸透によって、遠方の縁者との接触が可能となり、ケータイを介した支援交渉が積極的に行われ、遠距離の支援が行われるようになった。ザンビア農村部の人々は、ケータイの浸透を契機とし、彼らのセーフティネットを拡大したのである。

　この拡大したセーフティネットを老女は活用したのである。収穫から時間が経過し、食料備蓄量もわずかとなり、老女の1日あたり食物摂取量や摂取エネルギー量は低下した。そこで老女は、彼女の属すセーフティネットを鑑み、その中で支援の実現可能性のもっとも高い人物である首都に暮らす娘にケータイでアクセスし、食事状況を回復させるため働きかけたのである。

　以上よりザンビア農村部の人々は、ケータイという急速に普及したテクノロジーを活用し、地域のセーフティネットの拡大という私的社会保障システムの再編成を行うことで、遠方の縁者の支援を受け、食物摂取量や摂取エネルギーの落ちこみからの回復が可能となったのである。

　レジリアンスの概念は、複雑系の概念を取りこみつつ発展したため、社会・生態を踏まえることが不可欠な問題群に共通の概念を用いてアプローチすることが可能となった。しかし、社会生態システムのレジリアンスに関する研究の中でも、エコロジー経済学以外の人文社会科学の領域における研究は端緒に就いたばかりといえ、さまざまな人文社会科学領域におけるレジリアンス研究の蓄積が求められる。

（石本　雄大）

＊参考・引用文献

梅津千恵子, 2010,「レジリアンス」総合地球環境学研究所編『地球環境学事典』556-557.
島田周平, 2009,「アフリカ農村社会の脆弱性分析序説」*E-journal GEO* 3(2): 1-16.
Cliggett, L., 2005, *Grains from Grass: Aging, Gender, and Famine in Rural Africa*, New York: Cornell University Press.
Holling, C. S., 1973, "Resilience and Stability of Ecological System," *Annual Review in Ecology and Systematics.* 4: 1-23.

Chapter 5 ナミビア農村部におけるケータイの普及と経済活動の空間的拡大

　「彼らは"モバイル・ファーマー"に雇われてるんだよ」
　わたしの調査を手伝ってくれている友人のイルモリエは言った。ここはナミビア共和国の北西部、ナミブ砂漠にもほど近い乾燥した地域である。2010年に入って、人もまばらなこの地域にあらたに移り住んでくる人々が増えてきた。彼らは家畜を管理する牧者である。しかし、自らの家畜を飼養しているようには見えず、一様に首からケータイをぶら下げている光景が不思議に思えた。わたしが彼らは何者なのかを尋ねたところ、イルモリエは冒頭のように答えた。イルモリエが「モバイル・ファーマー」と形容したのは、都市で暮らしながら、家畜の売り買いや屠殺といった管理に関わるすべてのことを、牧者にケータイを経由して連絡してくる雇い主のことだったのである。
　わたしは2006年からこの地で調査を行ってきた。はじめの頃は調査地域でケータイを所有する人は数えるほどしかおらず、わたしが2006年に買ったNOKIA1110は、モノクロ表示で最低限の機能しかなかったが、みんなの注目の的であった。しかし、それから4年後の2010年になると、ほとんどすべての世帯がケータイを所有しており、その多くがカラー液晶でカメラつきのものへと変化した。もはやわたしの人一倍頑丈なノキアは、村の中でも時代遅れのシロモノとして逆に馬鹿にされるようになってしまった。そしてこのような状況の変化とともに、冒頭に紹介したような、ケータイによって可能になったあらたな経済活動のかたちも見られるようになってきたのである。
　情報通信に関わる急速な変化は、他章でも紹介されているようにアフリカの各地で進展しているが、その影響は地域によって異なる様相を呈している。本章では、2010年時点でケータイが高い割合で普及しているナミビアの農村部にスポットを当て、ケータイがあらたな経済活動の展開にうまく活用されている事例を紹介する。そして、都市や農村といった空間をまたがる生計戦略の広がりに着目し、ケータイの普及が、ナミビアの人々の経済活動をどのように変化させているかについて述べたい。

1 ナミビアのケータイ事情

　ナミビア共和国は1990年に独立を果たしたアフリカの中でも新しい国である。国土の広さは日本の2倍に近いが、人口は210万人程度と少ない。モンゴルに次いで世界で2番目に人口密度が低い国である。ナミビアでは、ダイヤモンドやウラン等が豊富に産出され、国家経済の基盤となっている。この鉱物資源の豊富さと人口の少なさがあいまって、アフリカの中では1人あたりの国内総生産が比較的高い国であるが、同時に経済格差が非常に大きいことも特徴である。

　ナミビアにおける携帯電話の普及率は、アフリカ諸国の中でも比較的高い（ITU 2009）。シェルボルネによると、ナミビアの情報通信事業は、独立直後の1992年に固定電話の国営企業 Telecom Namibia が誕生したことによって開始された（Sherbourne 2010: 282）。その後1995年には政府と外国資本による半官半民型の携帯電話サービス会社である MTC が創設され、移動通信事業が始まった。そして1999年に MTC がプリペイドサービスを開始して以降、ケータイは急速に普及し、通話可能エリアも都市部だけでなく国内の広い地域に拡大していった。携帯電話事業は2006年まで MTC によって独占的に運営されてきたが、同年ノルウェー企業の資本やナミビアの電力系資本を中心とした Cellone [1] が参入し、さらに固定電話の Telecom Namibia も携帯電話事業を開始した。そのため現在では3社がサービスを展開し、それに伴う価格競争によって通話料金等は徐々に低下してきている。

　このような通信技術の発達の中で、ケータイの契約者数は急激に増加を続けてきた。図5-1は最大手である MTC の契約者数の推移を示したものである。MTC の契約者数は2009年に120万件を突破しており、1社の契約者数だけでもナミビアの総人口の半分を超えるほどである[2]。また、MTC の通信圏はナミビアの全人口の居住地域の95％を占めており、ほとんどの地方でケータイが利用可能になっている。たとえば、人がほとんど住んでいないナミブ砂漠の真ん中でさえも、幹線道路沿いなどではケータイが使えるといった状況である。

　ケータイのデバイスは、首都ウイントフックなどの都市部では100N$ [3] 未満の安価な機種から5000N$以上の最新のスマートフォンまで入手が可能である。また、地方中小都市においても安価な機種を中心に容易に手に入れることがで

きる。中古のケータイが販売されることは少なく、地方都市で売られているのも主に新品のデバイスである。ナミビアでは、南アフリカ資本のスーパーマーケットやディスカウントストアなどが地方都市にも広く進出しており、これらの企業が安価な機種の販売を請け負っているためであると考えられる。そのため、地方の人々にとっても、ケータイデバイスは決して手が届かない贅沢品ではなく、日雇い労働を数日間こなせば手に入るような身近な品となっている。

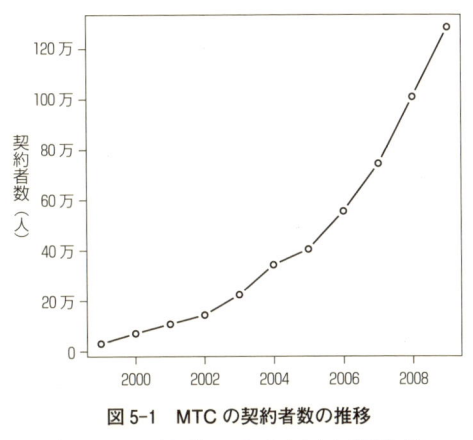

図5-1　MTCの契約者数の推移
（Sherbourne（2010）のデータをもとに筆者作成）

　ナミビアにおける携帯電話の利用は、他のアフリカ諸国と同様にプリペイド方式が一般的である。人々は、「エアタイム」と呼ばれるスクラッチ式のカードを購入し、カードに書かれているコード番号を携帯電話に入力する。このシステムによって支払った分の課金がなされ、通話やSMS（ショート・メッセージ・サービス）を利用することができる。エアタイムは地方の小さな集落でもたいてい販売しており、どこでも手に入れることができるようになってきた。

　携帯電話の一般的な通話料は、各社とも1分あたり約1.8N$（21.6円）であり、SMSは一通およそ0.4N$（4.8円）である。また、この通話料金は時間帯によって大きく異なっている。たとえば利用者が少ない夜間は、通話料金が昼間の数分の1になる。また、一定額を支払えば特定の期間中は電話を定額制で利用することが可能となるサービスなども存在している。各社はこのような時間帯別料金制や定額制などの多様なサービスを展開することによって安さを競っている。そして人々はこれらのサービスタイムや定額サービスをうまく使いこなすことによって、料金を抑えつつ、ケータイを利用することができる。なお、手持ちの料金が不足している場合には、相手に着信を通知してかけ返してもらう「ワン切り」や残金が不足していても利用できる「コール・ミー・リクエスト」

もよく使われている。

2　地方農村部における急速な普及と利用

1. 調査地域の概要

　ここからは、地方におけるケータイの普及状況について調査地を例に見ていきたい。わたしは、ナミビア北西部のクネネ州、コリハス郡において2006年から主に自然環境の調査を行ってきた。調査地はコリハス郡の中心地であるコリハスから約40キロ程度南東に位置する道路沿いの集落群である（図5-2b）。それぞれの集落は人口が十数人から数十人程度であり、世帯数は3-10戸に満たない。ナミビア北西部では降水量が少なく、コリハスの年平均降水量は200mm/年である。そのため、天水に依存した耕作が不可能であり、多くの人々は家畜を飼養して生計を立てている(4)。

　調査地域一帯は、南アフリカ統治期にダマラ人のホームランドである「ダマラ・ランド」として区分されていた地域である。ホームランドとは、南アフリカの統治時代に行われていたアパルトヘイト政策によって、民族ごとに制定さ

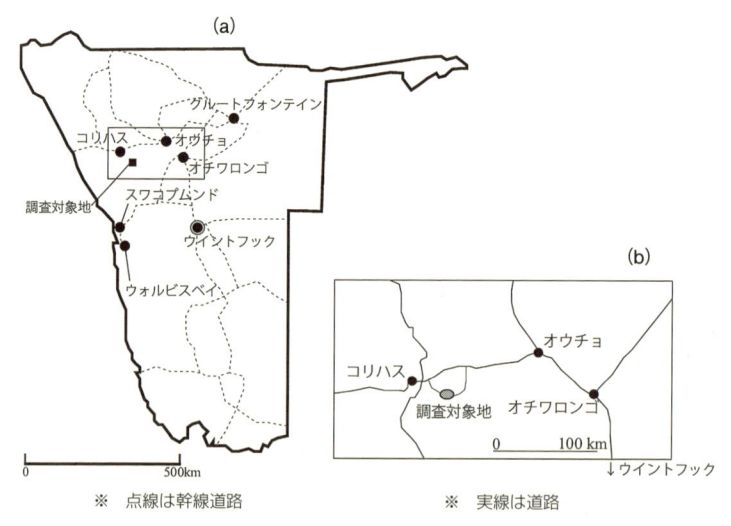

図5-2　調査対象地と本章に登場する都市の位置

88　第5章　ナミビア農村部におけるケータイの普及と経済活動の空間的拡大

れた「黒人」の居住地域のことである。独立後には土地制度が変更されたが、現在でもその遺構は残っており、ナミビアの土地所有には、少数のヨーロッパ系の人々が商業牧場として所有する私有地と、人口の大多数を占めるアフリカ系の人々が居住するコミュナルランドとに明瞭に区分された「二重構造」がみられる。また、この二重構造は、商業牧場が広がるナミビア中・南部とコミュナルランドの北部といった地理的な特徴にも現れている。

　調査地に暮らすダマラは、かつて狩猟採集民として知られており、ブッシュマン（サン）らと同様にナミビア周辺を古くから遊動してきた人々といわれている。16世紀以降、バンツー系の牧畜民・農牧民の移動などにともないその影響を強く受け、早くから家畜の飼養や農耕を取り入れて定住するようになった。また、ヨーロッパ系の人々が経営する商業牧場において労働を行っていた人々が多い。彼らの賃金が家畜で支払われていたこともあり、家畜飼養はダマラの生業として広く行われてきた。現在では、彼らは主に旧ダマラ・ランド地域にまばらに集落を形成して定住している。また、ウイントフックや沿岸部に位置するスワコプムンドをはじめとするナミビア中部・西部の都市に居住しているダマラの人々の割合も高い（Mendelsohn 2003: 164-165）。

2. 調査地域におけるケータイの利用状況

　図5-3は、調査地の一集落における18歳以上の人口（6世帯19人）に占めるケータイ所有者の年ごとの推移を示したものである。調査地周辺の集落は2006年まで通信圏外であり、ケータイが利用できなかった。そのため、当時利用するためには、集落から数km離れた、かろうじて通信圏内である山に登る必要があった。2006年以前から所有していた2名は、いずれも車を所有しており、近郊都市に頻繁に行くような富裕世帯の世帯主であった。彼らは通信圏外の集落付近で利用するというよりも、近郊都市に出かけた時に利用する場合が多かったようである。しかし、2007年に集落の近郊にMTCの電波塔が建設されてからは、所有者が徐々に増加してきた。2010年現在では、すでに「一家に1台」よりも多くの数が普及しており、世帯主だけでなくその妻や子である20代の若者なども所有している世帯が多い。また、都市部に寄宿して学校に通う高校生にも所有者が現れ始めている。

調査地域には電気が通じていないため、多くの人々は、ソーラーパネルを持つような富裕世帯にケータイの充電を頼んでいる。ソーラーパネルを所有する世帯は調査地域内に数戸存在しており、親族や親しい友人を頼って近隣から週に1回程の割合でやってきて、充電を頼む光景がしばしば観察された。

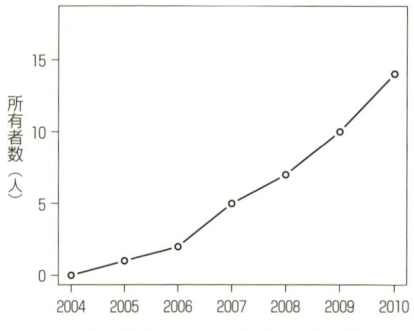

図5-3 調査地域における成人の携帯電話の所有者数の年変化（R集落の人々への聞き取り調査より作成）

調査地の人々の平均的な電話代は1人あたり月20〜50N$程度であったが、個人間でも月あたりでもばらつきが大きく、一定ではなかった。通話に必要なエアタイムは、主にコリハスで購入していた。人々のケータイの利用目的は、親族・友人との通話かSMSが中心である。なお、携帯電話によるインターネット利用は行われていなかった。

表5-1は、2011年8月28、29、30日の3日間における携帯電話を所有する13人の利用履歴における相手の居住先を示したものである。表5-1をみると、近郊のコリハスがもっとも多い発信相手の居住地となっているが、ウイントフックやスワコプムンド等の遠方の都市に相手が居住している場合も多かった。そして、7割以上の通話やSMSの相手は、都市にいる親族や友人であった。SMSや通話では、親族の状況やその日にあったできごとなどに関する雑談をしたり、週末に親族が集落を訪問する際に持ってきて欲しいものを頼むといった目的に使われていることが多かった。SMSは30代未満の若い世代によって使用されることがほとんどであり、60代の所有者などは、SMSの使用は受信のみに限られることがほとんどだった。

表5-1 調査地の13人が通話・SMSを発信した相手の居住地

	通話	SMS
コリハス	4	9
オウチョ	2	6
ウイントフック	2	5
スワコプムンド	2	3
ウォルビスベイ	1	1
オチワロンゴ	0	2
その他の都市	0	1
近郊農村部	2	4

（2011年8月28、29、30日の3日間の聞き取り調査をもとに作成）

また、少数ではあるが周辺の地域内の相手と通話やSMSをやり取りする事例も観察された。これらの通話やSMSの

目的を聞いたところ、たとえば車のガソリンを少し譲ってくれといった日常の用事のための利用が主だった。

3　経済活動の空間的な広がり——農村部の視点から

　前述のとおり、人々はヤギやウシなどの飼養を主な生業としている。家畜は主にミルクや肉等の自家消費を目的として飼養されているが、贈与や結婚式における婚資としても重要な役割を担ってきた。しかし、現金の流通に伴って現金稼得手段としての役割が増大しており、現在では家畜を販売して現金収入を得ている世帯が大半である。対象地域では独立以前から、家畜の売却が行われていたが、その販路は、近郊のヨーロッパ系の人々が営む商業農場への売却に限られていた。商業農場に売却する場合、値段は低価格に固定され、交渉の余地も限定的だったという。しかし、近年になってその販路の空間的な拡大や選択肢の広がりが見られるようになってきた。その背景には家畜オークションの導入とともに、ケータイの普及が関連していることが明らかになってきた。

　以下では、家畜オークションの価格情報、販路の開拓、という2つの事例を紹介し、ケータイが農村部においてどのように活用されているかについて述べる。そして、地域で普及しているケータイであるが、それをうまく活用している人がいる一方で、ほとんど利用していない人も存在しているという現状も示す。

1.　家畜オークション

　家畜オークションという新しい制度が調査地域に導入された経緯には、ナミビアの畜産業の歴史が大きく関連している。したがってまずその背景について簡単に説明しておきたい。

　ヨーロッパ系の人々が営む大規模な商業牧場において発達してきたナミビアの畜産業は、独立以前から鉱物資源に次いで重要な産業であった。畜産および食肉産業に関わる政策は、独立以前は主として大規模な商業牧場が広がる中・南部を対象として行われてきた。商業牧場主は、市場に家畜や畜産物を出荷することを目的として家畜飼養を営み、改良種の導入や機械化を積極的に行って

いた。一方、独立以前の北部では自給用のミルクや肉の供給を主目的とした生業牧畜が営まれ、交換を基本とした独自の経済システムが成立していた[5]。

しかし、1990年の独立を契機にアパルトヘイトの撤廃や経済の自由化が進み、EUなどの海外市場への出荷を目指して家畜の販売頭数を増加させることが、食肉産業界の課題となった（Rawlinson 1994）。そのため、北部で営まれてきた生業牧畜を、国の市場へと取りこむ動きが1990年代初頭から活発化し、商業牧畜を進展させる政策が積極的に図られるようになってきた（Liagre et al. 2000）。このような政策の変化のなかで、調査地を含むナミビア北部では2000年代後半以降、家畜のオークションシステムが各地に導入され始めている。

調査地域では、近郊のコリハスにおいて2008年にオークションが開催されるようになった。コリハスでオークションが行われる2008年以前は、調査地の人々が家畜を売る必要がある場合には、近郊の商業牧場主に売却するか、遠方の都市で行われているオークションへ売りに行くしか方法がなかった。調査村の人々の話によると、商業牧場に売却する場合は、売値が多少安くても相手の言い値で妥協するしかない場合が多かったという。また、遠方のオークションを利用する場合にも、家畜の運送料が高くつき、大量の家畜を売却する場合以外はあまり利用されていなかった。しかし、現在では近郊のコリハスでオークションが実施されることによって、以前の倍近い価格で販売することも可能となってきたのである。

コリハスで2〜3ヵ月に1度行われる家畜オークションに関する情報は、主に公共のラジオを使って告知されている。その際には家畜の基準価格も発表されるため、家畜を売りたいと考えている農村部の人々は、家畜の売却に伴って得られる大まかな金額を把握することが可能である。しかしながら、基準価格からオークションによってどれだけ価格が上昇するかは、オークションに参加する買い手の状況によって異なってくる。これまでは、家畜を売りたいと考えている人々が、高値を出してまで買う買い手が参加するかどうかを知ることはほとんど不可能であった。しかし近年では、以下のアエベブ氏のようにケータイを利用してオークションの担当者と密に連絡を取りあうような人々が現れ始めた。

【事例1】
　アエベブ氏は、2011年の6月に、ラジオでオークションの日程を確認した直後にケータイでオークションの担当者と電話をした。アエベブ氏は、オークションにどのくらいの人数の買い手が参加する予定なのかを担当者から聞き出し、その人数や買い手の特徴から、ヤギの価格が上昇するだろうとの担当者の意見を得た。この機会に彼はヤギの去勢オス5頭を売却し、約2500N$の収益を得た。この価格は、通常のオークションで売却するのに比べても2割程度高かった。

　アエベブ氏のような人々は、買い手の状況や価格変動に関する詳細な情報をリアルタイムに手に入れることができるようになっていた。さらには、オークションでの値段が高い時には、担当者からオークションの「お得意様」であるアエベブ氏に直接連絡がくるような場面も観察された。しかしながらアエベブ氏は、値段が高くなっているという情報を受けたからといって必ず家畜を売却しているわけではなく、現金の必要性や販売できる家畜数の状況によって売却を見送っている場合もみられた。これらのことから、アエベブ氏のような人々は、遠隔地にいながらにして、ケータイを使って効率的に情報を入手しており、さらには情報を与えられた状態で、選択的に家畜を売ることができるようになっているのである。

2. 販路の開拓

　上記のような家畜オークションは毎月開催されるわけではなく、2〜3ヵ月に1度程度の割合で定期的に開かれている。そのため、急病人の発生などによってまとまった現金が必要になり、早急に家畜を売りたい場合にはオークションを利用できないことも多い。しかし、最近では以下のエリーの事例のように、ケータイを利用して、家畜を即座に現金に変えるといった光景がみられるようになってきた。

【事例2】
　調査地に住む20代女性エリーはコリハスの病院に入院し、緊急にお金が必要になった。ケータイが普及する以前は、現金を手に入れるために家畜を買いたい人を探し回るか、いない場合は遠方まで赴いて商業牧場主に売却するしかなかった。そのため現金を手に入れるまでにおよそ10日以上の期間がかかっていたと

いう。しかしこの時、治療費を支払うためにヤギを売ることを決心したエリーは、隣の集落に住む友人イルモリエに SMS を送信した。もちろん、入院費が必要になったのでヤギを売りたいというメッセージである。エリーからの SMS を受信したイルモリエは、以前からヤギを買いたがっていた知人数人に SMS を送り、情報を発信した。すると、すぐにコリハスに住むイルモリエの親類が 400N$ で買うと返信してきた。このやり取りの 2 日後、イルモリエはコリハスに行き、親類から 400N$ を受け取り、エリーのもとに届けて家畜を手に入れた。

商業牧場主に売却する場合、ヤギ 1 頭の買い取り価格は一律で 200N$ から 250N$ 程度と安く設定されていたが、この事例ではその価格の倍近くの現金をたった 2 日で得ることが可能になっていた。この事例からは、人々がケータイを利用することによって自らの社会関係を超えて販路を開拓し、「比較的高値」で売ることができるようになった様子が伺える。ケータイは「今売りたい」人と、「家畜を集めたい」という相手を直接的、または間接的に空間を超えてマッチングする媒体となっているといえる。

3. ケータイ利用の格差

ここまで紹介してきた事例は、主に家畜を売却する余力のある世帯でみられた光景であった。一方で調査地域には、家畜を少数しか持たず、現金収入を年金[6]や不安定な賃労働に依存している世帯も少なからず存在している。これらの世帯を見ると、ケータイの利用方法は先の事例とは大きく異なっていた。

【事例 3】
50 代男性のガロセプ氏は、自らヤギを数頭飼養しながら、他世帯の家畜放牧を手伝うことで毎月 400N$ 程度の収入を得ている。彼は 2009 年に都市に居住する親族から古いケータイを譲り受けて所有し始めた。彼のケータイの利用状況は、その利用のほとんどが都市に住む親類から通話がかかってくるかたちであった。そしてガロセプ氏自らが発信をすることはほとんどなかった。また通話内容も、食糧や経済的な支援で親族が来訪する時期を知る程度であり、ケータイを利用して家畜を売却したこともなかった。

彼のケータイは普段はバッテリーの節約のために電源を落としている時間が多いといい、ケータイを見せてくれと頼むと、家の奥にある貴重品入れにひっ

そりとしまわれていたものを取り出したのは印象的であった。ガロセプ氏のほかにも、同じような使い方をしている人が数世帯で観察された。

　ここまで述べてきたように、農村部でのケータイ利用の状況や生計戦略への活用、そしてそこから得られる利点には、家畜の飼養頭数や経済状況によって大きな差異があると考えられる。現段階では、ケータイがすべての人の生計戦略にとって有効的な役割を果たしているとは一概にはいえない状況が存在している。

4　都市域から農村部への経済活動の拡大

　これまでの事例は、農村部に暮らす人々がケータイを使ってどのように生計戦略を空間的に拡大しているか、もしくはしていないかを示したものだった。一方で、冒頭で紹介した「モバイル・ファーマー」のように、都市居住者がケータイで牧者に指示し、農村部で家畜を飼養しているという、逆の動きが多く観察され始めている。なお、都市や別の場所に居住する親類や知り合いの家畜を飼養するという事例は、東アフリカ牧畜民の家畜の交換制度をはじめとして広くみられる。しかし本章で扱うモバイル・ファーマーは、ケータイを頻繁に使いながら、家畜を主に現金稼得手段とみなして飼養し、その拡大を目指す人々である。ここでは、都市居住者の生計戦略の空間的な広がりを表す事例として、調査地におけるモバイル・ファーマーの実態を紹介したい。

　調査地域において、都市に住みながらケータイを使って家畜を飼養する人がみられ始めたのは2009年頃からである。このさきがけとなったのは、近郊のコリハス出身のダマラであるイコンゴ氏である。

【事例4】
　イコンゴ氏は2007年までコリハスの家畜管理局に勤めていた。現在は、調査地域から300kmほど北のグルートフォンテインの家畜管理局で働いているため、グルートフォンテインに住んでいる。彼は、2007年当時は家畜を飼養していなかった。しかし、グルートフォンテインに移った後の2009年に、顔見知りである地域の区長に小屋と家畜囲いを建設する許可を取りつけ、調査地域で家畜の飼養を始めたのである(7)。イコンゴ氏は、給料を元手にヤギとウシを購入し、建設

した小屋に10代の息子と雇われ牧者の2人を住まわせて家畜の飼養を2人に任せるようになった。息子と牧者は、2010年には30頭程度のヤギと10頭程度のウシの面倒をみていた。イコンゴ氏が調査地域付近に訪れることは年に1度程度しかないが、彼は、ケータイを使って息子と週に1度は通話し、家畜の状態を確認している。そして通話の際に指示を出し、オークションで家畜を売却させたり、その収益で家畜囲いを修復・拡張したりという作業を行わせていた。

イコンゴ氏と同様に、先の事例2において入院したエリーのヤギを購入した50代の女性は、現在コリハスにおいて学校給食を作る定職を持っている。彼女は、近いうちに集落に移って暮らすことを望んでおり、集落に住む親類の若者に自分の家畜を増やしたいということを伝えていた。そのため、先の事例2のように家畜を売りたい人が突然現れた際に、ケータイを通じて売主とつながり、村の人にとっては比較的高い価格でもヤギを買い取っていたのである。彼女の家畜は現在別の親類に預けている。しかし彼女は近いうちに牧者を雇い、将来住む家に牧者を住まわせて家畜飼養を始める予定であると語っていた。

このような都市居住者の家畜の購入は、都市で働く人々の副業として営まれるばかりではなく、定年退職後に村に戻ることを見据えて、家畜を飼い始める人によっても営まれている。たとえば首都ウイントフックに居住して中央省庁で働く男性や、オウチョで学校教員をしている男性なども、牧者を雇って多くの家畜を飼養し始めている。彼らは、牧者として常時雇用する人だけでなく、将来的に自らがその場所に居住することを見据えた住居の建築や、家畜囲いの修復・拡張作業などでも労働力を必要としている。そのため、彼らは牧者以外にも自らの親類や近隣の若者を雇うなどして、彼らに雇用機会を提供している。

しかし、どの場面においても、家畜を所有する本人は、村を訪れることはほとんどない。彼らはケータイを使って若者と連絡を取りあい、労働の指示を与えているのである。さらに、雇われている牧者がケータイを紛失してしまった場合には、わざわざケータイを買い与えているという。このようなことからも、都市居住者は、彼らが農村部で行っている活動はケータイがなければ成り立たないと考えていることが読み取れる。

上記のように、ケータイの出現に伴い、遠方に居住しながら家畜の状況を逐一確認することができるという状況が生まれ、モバイル・ファーマーが台頭し

てきたのではないかと考えられる。モバイル・ファーマー達は、都市における就業によって安定的な収入を得ていながら、そのカネを家畜に投資し、生計安定化や向上の手段として、また老後の生活保障として利用しているのである。

5 おわりに――経済活動の空間的な広がり

　本章では、ナミビアにおける情報通信網の発達や、地方におけるケータイの利用状況、そしてケータイを使った生計戦略の空間的な広がりについて農村部と都市部の視点から紹介してきた。

　ナミビアでは、2000年以降急速に携帯電話が普及し、2006年頃から都市だけでなく地方の農村地域でもケータイの利用が活発化してきた。現在では、調査地域に限って言えば農村部の携帯電話の所有率はかなり増加しており、世帯ごとに1台、さらには個人に1台と言えるまでになってきている。農村に住む人々は、都市に住む人々と頻繁に連絡を取りあい、情報が空間を超えて活発に飛び交うようになっている。

　農村に住む人々の生計戦略に着目すると、ケータイの普及によって市場へのアクセシビリティや販売機会に対するアクセシビリティが向上してきたといえる。それに伴って、ケータイの活用によって地域周辺にとどまらず都市をはじめとする外部から情報を広く取り入れ、収入をより向上させている個人や世帯が出現しているということが明らかになった。一方で、ケータイを所有しつつも、その利用が収入の安定化・向上にはつながらない世帯も同時に存在している。そのため、これらはすでにある差異を顕在化させたり、あらたな所得格差を生み出す可能性も否定できないと考えられる。このように、ケータイの利用と経済活動の関係について調査地域の事例を見る限りにおいては、2つの状況が混在しているといえる。多くの人々が所有するようになったケータイだが、その役割・有効性は個人/世帯によって異なるのである。

　そして、本章では都市に居住し職を持つ人々が、農村部において家畜を飼養し始め、ケータイを通じて雇われ牧者との連絡をとることで管理を行うという、モバイル・ファーマーが現れ始めたことを紹介した。彼らは生活の基盤を都市におきながら、そこで得た資金を活用して農村での家畜飼養を活発化させてい

第5節　おわりに　97

る。モバイル・ファーマーは、経済活動を農村に拡大させながら、自らの生計の安定化や向上を達成しようとしている。これまでも、ケータイが農村部における生計維持や貧困削減に貢献することは報告されてきたが (Sife et al. 2010)、都市住民にとっても生計の向上や退職後の生活保障といった観点から、農村部へ経済活動を拡大することが可能となっているのである。

アフリカでは、都市居住者が農村との社会的、経済的、政治的なつながりを保ち続けてきたことが数多く報告されてきた (Geschiere and Gugler 1998)。これまでは、そのつながりを実際に訪問しあうことで確認してきたが、調査地の人々が都市に暮らす親族や友人と通話やSMSを頻繁に交わす様子からも、昨今そのつながりはケータイの普及によって頻度が増しているといえ、そのつながりが強化される可能性がある。さらに、ケータイによって物理的な距離を超えて情報交換が可能になったことは、農村、都市双方に暮らす人々にあらたな生計戦略の可能性をもたらしている。しかし、機会が空間を超えてやってくるようになったことで、それにうまく乗れる人、活用できる能力がある人とそうでない人、の差異がより明確になってくる可能性も秘めていることには注意が必要である。

今後、家畜がこれまで以上に「商品」としての価値をもち、地域で飼養される家畜の数が増大していく可能性は大いにある。このような状況になった時、自然環境に与える影響は今後どう変化していくのであろうか。これまで自然環境に関する研究を行ってきた身としては、乾燥地の脆弱な自然環境がケータイをきっかけにした急速な社会の変化に対してどのように応答するのかを考えずにはいられない。今後とも、この地域の自然資源利用の変化や地域の自然環境に与える影響について検討していきたいと思う。

（手代木　功基）

＊注
(1) 現在はOrascomグループに買収されleoに名称変更した。
(2) 契約者数にはすでに使われなくなった番号も多く含まれるため、使用人口と直接的なかかわりをもつわけではないことに注意する必要がある。
(3) 1ナミビアドル（N$）＝約12円（2011年1月）。なお、地方の小学校教員の初任給は約3000N$である。

(4) 本章で対象としているダマラは、共有地で家畜を飼養しているため、福井（1987）の基準をもとにすれば牧畜を営んでいるといえる。しかし、ダマラは第1章・第8章で紹介されているような東アフリカ牧畜民とは明らかに異なるし、牧畜という言葉には複数の定義が存在しており誤解を招く可能性も大きいので、単に家畜飼養と記述する。
(5) なお、調査地を含む旧ダマラ・ランドは、生業牧畜が営まれてきた北部地域の中でも、特に中南部の商業牧場との関連が強い地域であった。そのため、商業主に売却する販路が開拓されていたり、商業牧場で働いた時の賃金の代わりに家畜を与えられることによって家畜飼養を始めた人も多いため、もともと現金収入源としての意識が強かったと考えられる。
(6) ナミビアには60歳以上の人々に年金が毎月500N$が支給されている（2011年現在）。
(7) 調査地域には地域一帯の土地関連の登記等を管轄する区長がおり、彼に許可を取りつければ移住や住居の建設が可能である。区長は許可以前に対象集落居住者と話しあいをもち、それによって移住の可否を決定している。

＊参考・引用文献

Frayne, B., 2004, "Migration and Urban Survival Strategies in Windhoek, Namibia," *Geoforum*, 35: 489-505.

福井勝義, 1987, 「牧畜社会へのアプローチと課題」福井勝義・谷泰編『牧畜文化の原像』日本放送出版協会.

Geschiere, P., & J. Gugler, 1998, "Introduction: The Urban-Rural Connection: Changing Issues of Belonging and Identification," *Journal of the International African Institute*, 68(3): 309-319.

ITV, 2010, *World Telecommunication/ICT Development Report 2010*, ITV.

Liagre et. al., 2000, *Cattle Marketing in Northern Namibia: A Commodity Chain Approach*, Windhoek: The Namibian Economic Policy Research Unit (NEPURU).

Mendelsohn, J., 2003, *Atlas of Namibia: A Portrait of the Land and Its People*, Ball Jonathan Publishers.

Rawlinson, J., 1994, *The Meat Industry of Namibia 1835 to 1994*, Gamsberg Macmillon Publishers.

Sherbourne, R., 2010, *Guide to the Namibian Economy 2010*, Demasius Publications.

Sife et al., 2010, "Contribution of Mobile Phones to Rural Livelihood and Poverty Reduction in Morongo Region, Tanzania." *EJISDC* 42(3): 1-15.

ビジネスチャンスの拡大と生業の持続

　ナミビアの事情を紹介した第5章では、ケータイの普及がビジネスチャンスを広げつつあることが指摘された。人々の生計手段が変わりつつあるという点では、第6章で報告するガボンの事例も同じである。しかしガボンの事例は、単に生計のあり方だけを問題としているのではない。生業に深く根ざした平等主義という観点から、文化の持続の問題も論じられている。このことをよく理解してもらうため、以下では、人類学で基本的とされてきた生業の特徴をまとめておこう。

　長い人類史において、生業とはまずもって、特定の自然環境の中で生きぬくための技法であった。身のまわりの自然環境の中から食料や道具製作の素材を見出し、適切な道具や身のこなしを用いてそれを手元にひき寄せ、加工し、無駄なく利用し、隣人にも分け与えて社会関係を維持していく、その全体的な過程が生業である。だから生業は、自然と文化というふたつの領域の接点でくり広げられる。

　こうしたタイプの生業は、単に家計維持という経済の側面だけでなく、道具製作や身体技法、動植物の認知や分類、土地についての記憶（歴史や神話）、資源をめぐる競合の回避や協働・収穫分与を通した社会編成、時間や空間についての観念など、きわめて広範なかたちで文化の問題に関わる。いわば、文化のひな型なのである。もっとも想起しやすいのが、ガボンのバボンゴたちがたずさわる狩猟採集であろう。彼らの狩猟採集は、さまざまなレベルにおいて森とのかかわりを築くことで成り立っている。

　また、このタイプの生業は、グループの成員の一部でなく、大多数によって担われる。つまり、職業的な専門化があまりみられないのである。もちろん、狩りの熟練者と未熟練者が異なる狩猟法を採用したり、性や年齢によって役割が違ったりすることはある。しかし、互いの仕事の内容はよく知られていて、役割交替もめずらしくない。異なる職業の人たちが集まって暮らす都市とは、様子がまったく異なるのである。

　このように、大多数が同じような生業にたずさわっているグループでは、その生業に精通していることがメンバーの証しとされる傾向にある。つまり、生業が集団的アイデンティティの中核となっているのである。狩猟採集民が農耕社会になかなか同化しない理由のひとつは、ここにある。

　つまり基本的な生業とは、①自然環境とのかかわりの体系であり、②多様な文化的領域にまたがり、③専門的活動でなく一般的活動として営まれ、④集団的アイデンティティの中核となる、という特徴をもつ。これは、家計維持の手段という意味でわれわれが想起する「生業」とすこし異なっていよう。しかし、アフリカの村落部では、こうしたタイプの生業が幅広く実践されている。

　狩猟採集だけでなく、農耕や牧畜も、上記の条件を満たす基本的な生業といってよ

い。農耕や牧畜は、狩猟採集と違って、植物（農作物）や動物（家畜）を人為的に育成する。つまり、所与の自然環境をそのままに利用するわけではない。しかし、最小限の装備で気まぐれな自然環境に向きあい、なおかつそこから力をうまく引き出す点で、農耕や牧畜も自然に深く関わっているといえよう。

牧畜民の多い乾燥地域は、限られた植物しか育たないため、旅行者が迷いこんだりすると生命すら危ぶまれる。このように過酷な自然において、牧畜民は、わずかな草を家畜に食べさせ、家畜から得た乳や肉、血を糧としている。きわめて巧妙に自然環境と関わっている（①）といえよう。ただし、家畜を導入したからといって、彼らの生活は安定するわけではなく、たえず干ばつの危険にさらされている。それに対処するためには、多くの隣人が力を合わせて家畜を管理しなければならない（②③）。このように家畜中心の生活をともにするということが、牧畜民を牧畜民たらしめているのである（④）。第5章で取り上げたナミビアの牧者のほかには、第1章で取り上げたケニアのトゥルカナが、これらの条件をよく満たしている。

携帯電話が普及することで、「基本的な生業」を営む社会はどう変わっただろうか。ガボンの狩猟採集社会もケニアの牧畜社会も、現時点では、基本的な生業を文化として持続させることには変わりないようだ。生活のあらゆる側面を律している生業の性質は、新しいコミュニケーション手段が登場したからといって、なかなか変わるものではない。むしろ、その生業に関わるコミュニケーションを加速させていくだろう。ただし、長期的な視野でみると、根本的な変化が起こらないとはいいきれない。特に、遠くの場所と継続的に結びつくことは、生業の進め方を変えていくだろうし、職業分化を促していくかもしれない。さらなる経過観測が必要だろう。

（飯田　卓）

Chapter 6 森に入ったケータイ
平等社会のゆくえ

　「アフリカの熱帯雨林に暮らす狩猟採集民」と聞くと、読者のみなさんはどのような人々を想像するだろうか。森に囲まれてひっそりとたたずむ集落、自然の素材でつくられた簡素な住居、粗末な服装や家財道具、野生の動植物にいろどられた食卓、純朴で仲むつまじい人間関係……。多くの方は、メディアで紹介されるこのような光景を思いうかべるのではないだろうか。こうしたイメージは、実際にかなりの部分で当てはまっているが、しかし、彼らの現在のすがたを十分に表しているとはいえない。たとえば、彼らの多くが道路沿いの定住集落で農耕を中心とした生活を営み、都市と村とを頻繁に行き来している。また、Tシャツやサンダルを身につけ、懐中電灯やラジカセを所有している。そして、なかにはケータイを所有し、都市の人々と連絡を取りあうような人もいるのである。都市から遠くはなれた森の中の、電気も水道もない集落に暮らす狩猟採集民は、自然資源に依存した簡素な生活を送りながら、一方ではグローバル化が進む外部世界と密接に結びつき、わたし達と同じ時代を生きている「現代人」なのである。

　アフリカにおけるケータイの普及は目ざましく、いまや多くの人々にとって生活に欠くことができないツールとなっており、森の狩猟採集民達もそうした変化と決して無縁ではない。彼らは、かたくなに伝統的な生活を守り変化を受け入れない人々でもなければ、文明の利器に翻弄されて一方的に文化を破壊されている人々でもない。本章では、ケータイの普及という、すぐれて現代的な現象に狩猟採集民がどのように対峙し、生活や社会にどのように組みこんでいるかを検討することによって、アフリカ狩猟採集社会の現在のすがたを描きたい。

1　狩猟採集民ピグミーの社会

　コンゴ盆地を中心としたアフリカ中部は、アマゾンに次ぐ世界第2位の規模

の熱帯雨林が広がり、希少動物が数多く生息する生物多様性の宝庫である。この森には、少なくとも1万年以上前から、森と分かちがたく結びつき、自然資源を利用して暮らしてきた人々がいる。それが「ピグミー」と呼ばれる狩猟採集民である。

森のキャンプに滞在するピグミー

「ピグミー」とは、ギリシャ語でひじから手までの長さを表わす単位を語源とする、小柄な「森の民」の総称である。人類学的な定義では、成人男性の平均身長が150cm以下の民族とされ、東南アジアとアフリカの熱帯雨林に住むさまざまなグループを指す。したがって、よく間違われるように、「ピグミー族」という単一の民族がいるわけでもなければ、「ピグミー語」という言語があるわけでもない。ピグミーの中には、地域ごとに異なる名称で呼ばれる、異なる文化をもった人々が含まれるのである[1]。本章の対象であるバボンゴ（*Babongo*）は、そうしたピグミー系の1グループであり、中部アフリカ大西洋岸のガボン共和国とそのとなりのコンゴ共和国に暮らしている。

地域ごとに異なる文化をもつ一方で、ピグミー社会には共通した特徴もある。そのひとつは、彼らの中には強制力をもった権威者がおらず、資源の均等な分配に支えられた「平等主義社会」が築かれていることである。これは、他の狩猟採集社会にも広くみられる特徴である。狩猟採集民は、自然を改変して自ら生産をするのではなく、自然にある資源を利用するという生活を送っている。彼らが利用する野生の動植物は、いつも同じところにまとまって分布しているわけではなく、分布のしかたや量が季節によって流動的に変わる。そのため狩猟採集民は、蓄財をすることなく「手から口へ」というやり方で資源を消費する。そして彼らは、資源の分布に合わせてメンバー構成を柔軟に変えながら居住場所を移す「遊動生活」を送っている。資源が即時に消費されるこのような社会では、財産が集中することがなく、経済的な格差が生じにくい。また、社会的な葛藤が起こった場合には、集団から離れることで対立を回避することが

できるため、個人の間に依存関係が生じることはなく、権威の発生は阻止される。

　狩猟採集民にみられる平等主義的な関係は、自然に成立するものではなく、むしろ優劣が顕現しないように細心の注意が払われることで達成されるものである（寺嶋 2011）。彼らの中にも、性や年齢、個人の能力による差異はもちろんある。しかし、それによって特定の個人に権威が集中することがないような規範がそなわっている。たとえば、人々に多くの利益をもたらす優秀なハンターには特別な称号が与えられることはあるが、だからといって、そこに威信が伴うわけではない。ハンターが自分の腕前を誇示することは、むしろ強い非難の対象となる。周囲の者達は、しとめた獲物を見ても称賛することなく、「小さい」、「やせている」などと悪態をつき、ハンターはことさらに慎み深く控えめな態度をとる。

　狩猟採集社会の平等主義を、権威者をもたないという「社会関係における平等」とともに支えているのが、食物分配をもとにした「物質的な平等」である。食物分配は、個人の意志や助けあいの精神によるものというよりは、厳格な規範と強い社会的要請に基づいて行われる相互行為である。狩猟の獲物は、狩猟に関与した者に対する定式的な分配（一次分配）、狩猟に参加しなかった者も含めたインフォーマルな分配（二次分配）、さらには、料理されたものの分配というように、何重にもわたってくり返される徹底した分配の結果、集団の成員にくまなくいきわたる。

　獲物の捕獲者と所有者が分離されていることも重要である。南部アフリカのブッシュマンでは、弓矢猟の獲物は、ハンターではなく使われた矢の所有者のものとなる。コンゴ民主共和国のムブティ・ピグミーでも、網猟や槍猟の獲物は、かかった網やしとめた槍の持ち主の所有となる。これらの狩猟具は頻繁に交換されたり貸し借りされたりするため、狩猟能力に関係なく、道具を制作することができれば、誰もが獲物の所有者になりうる。所有者は、排他的に獲物を利用する権利をもつわけではなく、上述のような分配プロセスを開始することが求められる（市川 1991；寺嶋 2011）。このように、供給が不安定な自然資源に依存し、遊動生活を送ってきた狩猟採集民は、権威の発生を阻止する規範、徹底した食物分配、ハンターと所有者の分離などによって、社会的平等と物質

的平等とを維持する「平準化のメカニズム」を培ってきたのである。

2　ピグミー社会の変容

　狩猟採集を基盤とした遊動生活を営んできたピグミーは、20世紀になると、政府による定住化政策や貨幣経済の浸透などの影響によって、幹線道路沿いの定住集落で焼畑農耕を中心とした生活を営むようになっていった。本章の対象であるガボン南部のバボンゴも、そうした過程を経験してきたと考えられ、ピグミーの中でも定住化、農耕化が著しく進んだ集団として位置づけられる（松浦　2012）。

　ピグミーの定住化は、彼らが長い間築いてきた近隣の農耕民との関係を大きく変えた。ピグミーと近隣農耕民は、前者が森林産物や労働力を、後者が農作物や工業製品をそれぞれ提供することによって、経済的に補いあった相互依存関係を保ってきた。この関係は、親族関係を援用した「擬制的親族関係」（竹内　2001；寺嶋　1997）と呼ばれる紐帯によって支えられており、「子」であるピグミーにとって「親」とされる農耕民は、交換のパートナーとして重要である。権威者をもたず政治的に弱い立場にあるピグミーにとって、農耕民は経済的に重要であるだけでなく、社会的、政治的な庇護を与えてくれる存在でもある。

　ところが、ピグミーの定住化が進んだことによって、ピグミーと農耕民の生活様式の違いは小さくなり、資源をめぐる両者の対立が強まっていることが、多くの地域で報告されている。また、定住化後のピグミー社会にもたらされた学校教育や地方行政などの近代的な制度は、社会制度が固定化されておらず、権威者をもたない平等社会を生きてきたピグミーにとってなじみにくいものでもあったため、こうした制度にいち早く順応した農耕民の権威が拡大する傾向にある。さらに、1980年代頃からの資源開発や、それに続く自然保護活動は、いずれもピグミー社会の特性を十分に考慮することなくおし進められたために、ピグミーの周縁化をまねく結果になっている。生活様式が変化してきたとはいえ、平等主義的なピグミー社会の特徴は維持されており、それが、ピグミーが外部世界と関わる上では不利に働いているといえるだろう。

　ピグミーの定住化によって近隣農耕民による差別が拡大することが多くの地

域で報告されている一方で、本章の対象であるバボンゴは、バントゥー系の近隣農耕民マサンゴ（*Massango*）と比較的対等な関係を築いている（松浦 2012）。バボンゴはマサンゴと同じ集落で軒をつらねて暮らしており、バボンゴとマサンゴの間には双方向的な通婚、儀礼文化の共有、相互訪問などがみられる（松浦 2012）。このような関係は、やはりバボンゴの定住化に伴って形成されてきたと推測される。かつてはバボンゴも森の中で遊動生活を送っていたが、20世紀半ば頃から定住化が進み、その過程でマサンゴと混じりあってきたと考えられる（松浦 2012）。

近隣農耕民と混じりあった関係を築いているという点で、バボンゴはピグミーの中で特異なグループといえるが、だからといって、彼らの社会の特徴が他のピグミーと異なっているわけではない。現在でも、バボンゴ社会には強制力をもった首長はおらず、食物や金銭などの資源が集団の成員に均等に分配される様子がしばしば観察される。権威や財産が特定の個人に集中することは避けられており、バボンゴにおいても、他のピグミーと同様の平等主義的な傾向がみられるといえる。したがって、バボンゴとマサンゴが混じりあった関係を築いているのは、バボンゴが特異であるからというよりは、マサンゴ社会が権威者をもたない平等主義的な特徴をそなえていることや、外部の政治経済的な要因が影響しているからだと考えられる（松浦 2012）。

定住化という生活の変容と、それに伴う農耕民との関係の変化を経験してきたバボンゴであるが、近年になって彼らの社会にあらたな、そしてより大きな変化がもたらされつつある。それが、道路補修によるインフラの整備とケータイの普及である。

3　ガボンのケータイ事情

アフリカのどの国をみても、この10年たらずの間に急速に通信インフラの整備が進んでおり、ケータイの所有者数が増加している。なかでもガボンのケータイの普及率は高く、ケータイの加入者数を総人口で割った値は100％を超えており、「ケータイ大国」であるボツワナや南アフリカなどに次ぐ数値となっている[2]（Aker & Mbiti 2010）。

少し前までは庶民にとって「高嶺の花」であった端末の代金も下がっており、安いものならSIMカードがついて1万5000cfaフラン[3]（約2500円）弱で購入できる。国が定める最低賃金が月に15万cfaフラン、日雇い労働の賃金が1日あたり5000cfaフラン前後であることを考えると、仕事をもつ人なら誰でも手が届くような金額である。稼ぎがない人でも、知りあいから古い端末をゆずり受けたり、選挙キャンペーンなどで配られたりすることで容易に入手できる。ガボンの都市の人々にとって今やケータイは必需品といってよく、都市に暮らす成人の中でケータイをもたない人を探すのが難しいほどである。ひとり1台どころか、それほど裕福でない人でも複数台の端末を所有していることが少なくない。SIMカードだけを購入することもできるので、デュアルSIM対応（1台の端末で2枚のSIMカードを使える）機種で、複数の電話番号を使い分けている人も多い。

　他の国々と同様に、通信はプリペイド方式で、課金したい額のスクラッチカードを購入してそこに記載されているコード番号を入力することで、クレジットを補充できる。通話料以外には料金がかからず、少額ずつ課金できるという利用に対する障壁の低さが、急速にケータイが普及したひとつの要因であろう。スクラッチカードによる課金だけでなく、端末どうしでクレジットをやり取りできるサービスもあり、このサービスを利用した商売も広くみられる。町の至るところにパラソルと机だけの店舗が立っており、課金額を払って自分の番号を伝えると、店の人がその分のクレジットを送信してくれるというものである（Flashと呼ばれている）。通信インフラの整備とケータイの普及に伴って通話料も下がっており、現在では通話が1秒2〜3cfaフラン[4]、SMS（ショートメッセージ・サービス）が1通15〜30cfaフラン程度である。どちらかといえば、人々はSMSを使うより通話をすることの方が多い。町を歩いていても人の集まる場所にいても、つねにどこかで着信音が鳴っていたり、誰かが通話したりしている光景を目にする。

　筆者がはじめてガボンを訪れたのは2002年のことであるが、その時には政府機関に勤める人や大学の研究者を含めても、ケータイを所有している人はほとんどいなかった。首都リーブルヴィルにはインターネットカフェがたくさんあり、筆者は電子メールを連絡手段に使うことが多かった。人と会う時にケー

第3節　ガボンのケータイ事情　*107*

表 6-1 ガボンの都市住民によるケータイの利用状況

所得層*	年代・性別	職種	所有台数	よくかける相手	メモリー数	費用／月 (cfa フラン)
A	40代男性	上級事務	1	親族・友人	?	30,000
A	40代男性	上級事務	2	友人・親族	> 100	30,000
B	50代男性	事務	2	親族	?	20,000
B	20代男性	事務	2	友人	100	15,000-20,000
C	30代女性	清掃員	1	親族	15	3,500
C	50代男性	運転手	1	親族	10	30,000
C	40代女性	受付	2	友人	210	15,000

1 ユーロ = 655.977cfa フラン

（* A：約100万cfa フラン/月、B：約20万cfa フラン/月、C：5〜10万cfa フラン/月）

タイで約束を取りつけるようなことはもちろんなく、あらかじめ場所と時間を決めておくか、約束なしに訪問していた。

　それから筆者は、ほぼ毎年ガボンに通っているが、自分のまわりの限られた範囲を見わたしても、ケータイが一気に広まっていることを実感する。町の至るところにケータイの看板があり、テレビや新聞にはケータイの広告があふれかえっている。2006年頃になると、研究者の知りあいはみなケータイを持つようになり、ケータイで約束を取りつけるのが常識となってきた。筆者のように辺ぴな村落を調査地としている研究者にとっても、都市で人と会ったり用事をすませたりするのにケータイは欠かせず、筆者も2006年からはケータイをつねに持ち歩いている。

　表6-1は、首都リーブルヴィルに住むさまざまな地位と所得の人たち7名を対象に、ケータイの所有と利用の状況を、質問紙を用いて調べたものである。これを見るとまず、どの所得層に属する人もケータイをもっており、2台所有している人もめずらしくないことがわかる。聞き取りをした7名に関していえば、2台所有している人の方が多かった。これは個人所有のものだけであり、職場から貸与されているものはのぞいている。したがって、主な通話相手は、仕事で関係のある人よりは親族や友人という回答が多かった。

　注目すべきなのは、通信にかかる費用である。質問紙を用いておよその利用額を答えてもらったものなので、正確な数値ではないが、性別や年齢、地位、所得に関係なく、ほとんどの人が月に1万5000cfa フラン（2000円強）以上を使っ

ていた。特に、月収が数万 cfa フランという比較的低い所得の人たちにとってみれば、所得水準に比べてかなり高い額を、必ずしも重要な連絡ではない親族や友人との日常的なコミュニケーションに費やしていることになる。

4 村落部の状況

　次に村落部の状況について述べよう。筆者の調査地は、ガボン南部グニエ州オグル県にある。ガボンの南部には、深い森をつらぬいて幹線道路が東西に走っており、グニエ州の州都ムイラとオグエ・ロロ州の州都クラムトゥが結ばれている。ムイラは標高 100m に満たない低地にあり、周囲にはサバンナも広がっているが、そこから東に進むと道路は鬱蒼とした森につつまれ、曲がりくねった山道に変わる。山道を登って 80km ほど先にあるオグル県の県庁所在地ミモンゴに着く頃には、標高は 600m ほどに達する。道路沿いには、人口 100 ～ 200 人の村が 5 ～ 10km おきというまばらな間隔で分布している。車で走っていると、パッと視界が明るくなって村を通り過ぎ、また森にわけいって延々と進む、というくり返しである。そこに暮らしているのが、バボンゴ・ピグミーとバントゥー系農耕民マサンゴである。
　道路状況は劣悪で、雨季になると道のあちこちに水たまりができて、場所によっては道を横切って小川が流れているというありさまである。年々悪化していく道路状況に、地域の人々も頭を悩ませている。ブッシュタクシーのドライバーも雨季には通行を避けており、お金を払ったとしても「道が悪いから」と言われてこのあたりを通るのを断られるほどである。そんな山道を上ったり下ったりしながら、ミモンゴからさらに 50km ほど東に進んだところにある複数の村落が、筆者の調査地である（図6-1）。
　調査地域の年平均気温は 25℃ 前後、年降水量は約 2000mm で、明瞭な雨季と乾季がある。6 月から 9 月は月の降水量が 50mm 以下の乾季、それ以外は雨季に分類される。雨季には月の降水量が 200mm を超え、時には 400mm に達するようなこともある。
　調査地域には電気や水道は通っておらず、上で述べたような道路状況のため、モノの流通も限られている。バボンゴの住居は、箱型の簡素なものである。壁

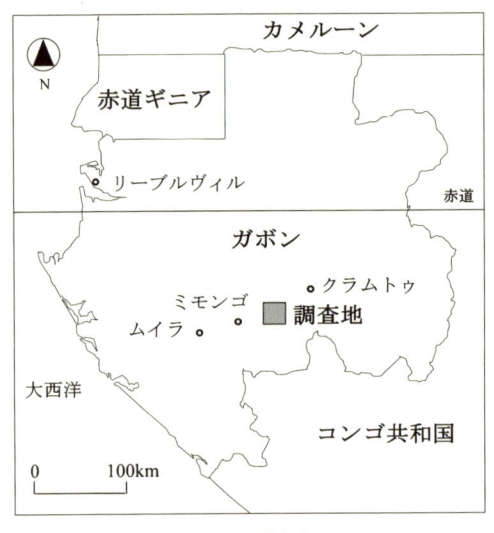

図6-1 調査地

は土、樹皮、板材などでつくられており、屋根にはラフィアヤシの葉かトタン板が利用される。先に述べたように、バボンゴの生活の中心は焼畑農耕である。ほとんどの人が家族ごとに所有する畑で自立的な農耕を営んでおり、生業活動に費やす時間の半分以上を農耕活動が占め、主食の大部分がキャッサバをはじめとした農作物である（松浦2012）。バボンゴは、農耕によって食料の多くをまかなうとともに、狩猟、採集、漁撈によって副食を獲得している。なかでも狩猟によって獲得される獣肉は、重要なタンパク源となっている。ほとんどの狩猟活動は、村周辺の森で行う日帰りのものであるが、森のキャンプに数日から1週間程度出かけることもある。自家消費のための狩猟はワナ猟と槍猟であるが、それ以外にミモンゴなどの都市の商人に銃猟を依頼されることがある。ハンターは、商人から散弾銃や弾薬などをあずかると、主に夜間に狩猟に出かけて小型〜中型の有蹄類やサル類を捕獲する。しかし、劣悪な道路事情もあって依頼の頻度はそれほど高くなく、そのほかの森林産物の交易もほとんど行われていない。

　この地域のマサンゴの生活も、バボンゴとほぼ同様である。ただし、行政上の首長はたいていマサンゴが務めており、マサンゴのなかには日用品や食料品を扱う商店を経営している人もいる。そうしたマサンゴは、村の水準としては立派なつくりの住居に住んでおり、多くの家財道具や工業製品を所有している。また、都市に親族がいたり、都市で暮らした経験があったりする人はマサンゴに多く、どちらかといえばマサンゴの方が経済的に豊かである。しかしながら、バボンゴが森林産物をマサンゴと交換したり、マサンゴに一方的に労働力を提供したりするようなことはなく、両者の間に経済的な相互依存関係はみられな

い。すでに述べたように、両者は政治的、社会的にも比較的対等な関係にある。

　調査地域では、2008年にミモンゴに電波塔が建設されたことによって、丘の上や視界がひらけた畑に行けば電波を受信できるようになった。ただし当時は、都市に出かけることが多い人や、出かせぎや商売をしていて経済力がある人など、限られた数人だけがケータイを所有しており、所有者はいずれもマサンゴであった。村の中では電波が通じないので、誰かに連絡する必要がある時には、村から歩いて10分ほどの丘の上まで行って電話するという光景がしばしば観察された。

　電波が通じる場所が限られているという以外にも、村でケータイを利用するにはふたつの障壁がある。ひとつは課金の問題である。料金が下がってきているとはいえ、現金収入が乏しい村の人たちにとって通話料を払うことは難しく、そもそも、村では課金するためのスクラッチカード自体が手に入りにくい。ただしこの問題は、端末同士でクレジットをやり取りできるサービスによってある程度は解消されている。メールを送るようにしてクレジットをやり取りできるため、村の人達は、収入のある都市の知りあいに連絡して課金してもらう。「電話代がほしいから電話をする」というような、本末転倒の利用もよくみられる。

　もうひとつの大きな問題は、ケータイの充電である。村には電気が通っておらず、発電機やソーラーパネルなどもないため、自分や村の誰かが都市に出る時に充電するか、通りかかる車の運転手に都市に持っていって充電してもらうよう頼むしかない。しかし、道路状況が劣悪であるため、都市に出かける機会はなかなかなく、もちろん車もほとんど通らない。そのため、ケータイを定期的に充電して日常的に使用することは不可能だった。ふだんは電源を切っていてかける時にだけ電源をつける、という使われ方がふつうで、それでもバッテリーが尽きて使えないままになっていることも多かった。

　電波や充電の問題があるために村から一方的に発信するしかなく、つねに課金できるわけでもないことから、価値ある情報を即時に入手するのにケータイが役に立っていたとはいえない。通話の相手はたいていが都市に住む親族や友人であり、お互いの近況を伝えあうことが主な目的で、そのほかにはせいぜい都市の状況や政治イベントの日程をたずねるくらいだった。もちろん、ケータ

イによって政治的に重要な決定がなされたり、商談が行われたりするようなこともなかった。むしろ連絡がつくようになったことによって、各地にいる親族の病気や死亡の情報が増えて、見舞いや葬儀に出かける負担が増えることもあった。マサンゴの数人だけがケータイを持ち、バボンゴは誰も持っていなかったからといって、調査地のバボンゴとマサンゴの社会関係に即座に変化がもたらされたわけではなかった。

5 調査地域における変化

　2010年になって、調査地域に変化をもたらすふたつのできごとがあった。そのひとつは、道路補修である。先に述べたように、調査地域の道路状況は劣悪で、交通量もきわめて限られていたが、公共事業による道路補修が行われたことによって、道路状況が劇的に改善された。もうひとつが、ケータイの電波塔建設である。電波塔は、道路補修とおなじ頃に調査地域の森の中に電話会社によって建設された(5)(写真)。

　これによって、調査地域のケータイをめぐる状況が大きく変化した。道路が補修されたことで交通量が増加し、課金や充電の機会を得やすくなった。また、電波塔が建ったおかげで、村のどこにいても都市とおなじくらい電波が通じるようになった。そして、道路工事や電波塔の建設で働いて収入を得た人たちがケータイを購入したために、ケータイの所有者数も増加した。2010年9月の時点で、調査地域にあるふたつの村の成人男性のケータイの所有率は、マサンゴが57%（4/7）、バボンゴが17%（2/12）であった。いよいよバボンゴもケータイを手にするようになったわけである。

　道路工事は、調査地域において約3ヵ月間にわたって行われた。現場監督や重機の運転などの専門的な仕事は、道路会社の労働者が担ったが、単純な肉体労働には、工事現場近くにある調査地域の人達が雇われた。調査地域にある3つの村

森の中にそびえる電波塔

から、合わせて10人の男性が道路工事に参加した。この10人のうちわけは、バボンゴ4人、マサンゴ6人であった。この中にマサンゴの村長の息子が含まれることから、労働者の選出に地域の政治的な権力関係が反映されたという側面はあるものの、基本的には民族や家系に関係なく若くて体力のある人が選ばれている。賃金は、通常の日当が3500cfaフランで、夜間の仕事は日当5000cfaフラン、休日の勤務は7000cfaフランであった。仕事内容によって賃金に差はあったが、同じ仕事をする場合にバボンゴとマサンゴの労働者の賃金に違いはなかった。バボンゴとマサンゴが対等な関係にあるという地域社会の特徴が、ここにも現われているといえる。

　一方の電波塔の建設には、3つの村から合わせて14人の男性が雇われた。この14人のうちわけは、バボンゴ8人、マサンゴ6人であった。賃金は日当3500cfaフラン、高所での作業の時などは日当5000cfaフランで、約1ヵ月間働いたという。道路工事の場合と同様に、バボンゴとマサンゴの労働者の賃金に違いはなく、労働者は民族や家系に関係なく選ばれており、この場合にはむしろバボンゴの方が多く仕事を得ていた。

　ケータイの導入によって、バボンゴの生活と社会に変化はあっただろうか。ケータイを所有しているバボンゴのうちのひとりは、40代の男性ディベロ（仮名）である。ディベロは狩猟の能力に長けており、都市の商人から銃猟の依頼を受けることがある。また、民俗医療を扱うことができる呪医でもある。彼がケータイを入手した経緯は、以下のとおりである。ディベロは電波塔の建設工事に参加していた。工事の期間中に電話会社のパトロンが病気になった時、このパトロンは、呪医であるディベロに治療を頼んだ。ディベロは、民俗医療によってパトロンの病気を治し、そのお礼としてケータイをもらったのである。

　2010年9月に筆者が調査地を訪れた時には、ディベロはうれしそうにいつもケータイを首からぶらさげていたが、操作にあまり慣れておらず、課金する手だてもお金もないことから、利用はほとんどしていなかった。彼のメモリーには9件の番号しか登録されていなかったが、そのなかには銃猟や民俗医療の「顧客」にあたる人が4人含まれていた。ある日、ディベロは私に操作のしかたを聞きながら、メモリーの中のひとりに電話をかけた。聞くと、相手はミモンゴの政治家で、銃猟を依頼されているのだという。確かに彼は、2日ほど前

から銃猟にいそしんでおり、レイヨウ類などを捕獲していた。電話をしてから3時間ほどして、依頼者である政治家が車でやってきた。その政治家はディベロに獣肉の代金を払い、その場で次の訪問の約束をとりつけて帰っていった。「ケータイを使った獣肉取引」が行われていたわけである。ディベロは、得られたお金のいくらかを酒の購入にあて、取引きの後に残った獣肉とともに、その日の夕食の時に村の人々に分配した。

　民俗医療の依頼者とのやり取りにケータイが用いられることもある。他のアフリカ諸国でもみられるように、ガボンでは、政治の中枢にいる有力者から市井の人々に至るまで民俗医療の効果が広く信じられている。なかでも、辺境の村に住み、動植物に関する豊富な知識をそなえたピグミーは、超自然的な力をもった存在として人々から特別視されており、民俗医療の担い手としての社会的地位を築いている。民俗医療は、病気の治療だけでなく、家族や仕事の問題の解決、そして政治活動にも利用される。

　別稿（松浦 2012）で報告したように、2009年末から2010年はじめにかけて、政治関係者が選挙の成功のためにバボンゴに民俗医療を依頼した。この時の連絡手段にケータイが用いられたのである。使われたケータイの所有者は、バボンゴ女性を妻にもつ30代のマサンゴ男性であり、政治関係者からの連絡を受けたこの男性がバボンゴの呪医達を州都ムイラまで案内している。有力者に対する民俗医療によって、呪医をはじめとしたバボンゴは少なくない謝金を得たわけだが、この謝金は村にもどった後に、村の人々に均等に分配された（松浦 2012）。

　バボンゴがケータイを入手した経緯や、バボンゴによるケータイの利用のしかたには、バボンゴの現在の状況が端的に現われていると考えられる。パトロンの病気を治療したことでケータイを入手したことや、民俗医療の依頼者との連絡にケータイが用いられたことからは、バボンゴが民俗医療の能力者としての社会的地位を築き、それによって外部世界と結びついていることが示唆された。

　しかし彼らは、必ずしも民俗医療の担い手に特化しているわけではない。ディベロは、建設工事で賃金労働を行いながら、依頼に応じて呪医として活躍していた。またケータイの利用の事例をみると、都市への連絡手段として使われて

はいるが、連絡の内容は獣肉取引や民俗医療という、これらの能力に長けたピグミーらしいものであった。

6　平等社会のゆくえ

　ケータイは、インフラ整備にかかる経済的コストが低く、周縁的な地域でも設置が容易であるという点に特徴があるといわれている。確かに、都市から離れた場所に位置し、道路や電気などが十分に整備されていない調査地域でも、限定的ではあるが利用できるようになった。しかしながら、しばしば語られるように、それによって周縁的な人々が情報社会に参入する可能性がひらかれて貧困削減につながる、とただちに結論づけることはできない。

　筆者の調査地域では、ケータイによって親族や友人とのコミュニケーションが活性化されたが、それによってすぐに価値の高い情報が得られて、経済的な利益が拡大したり政治的な地位が上昇したりすることはなかった。都市の人々の利用にもみられたように、ケータイは、重要な情報のやり取りというよりは日常のコミュニケーションのためのツールであり、貧困層が利益向上のために「戦略的に」利用すると単純に想定するのは誤りである。開発という文脈で議論するならば、通信以外のインフラ整備が十分でなく、収入源となるような交易品の流通が確立されていないという地域状況をていねいに吟味する必要があるだろう。

　一方、メディア研究においては、情報通信技術にアクセスできるかどうかによって取得できる情報に違いがあり、それが社会的な格差を生む（デジタル・デバイド）場合があることも指摘されている[6]。これについても、それぞれの地域の社会状況をよく踏まえて議論する必要がある。本章では、バボンゴが情報化社会において必ずしも周縁化されているわけではなく、萌芽的な利用ではあるがケータイを生活に柔軟に取りこみ、周辺から中心につながる手段を得ていることが示唆された。それが可能になったのは、バボンゴが狩猟採集や民俗医療の能力という価値の高い資源を持っているからであり、マサンゴとの間に対等な関係を築いてきたからであると考えられる。

　バボンゴ社会は変容が進んでおり、ケータイがあらたな変化を生み出す可能

性を秘めていることは間違いない。しかしそれは、必ずしも狩猟採集を捨て去り、森との結びつきを失ってしまうことや、マサンゴとの社会格差を生み出すことを意味しない。バボンゴは、彼らが培ってきた文化的な特性をある程度保持し、それを駆使しながら、外部世界の変化に対応して生活形態や社会関係を柔軟に変えているのである。

　最後に、ケータイの普及によってバボンゴの平等社会がこれからどのように変わっていくかを展望しよう。アフリカにおけるケータイの普及を検討する上で考慮しなければならないのは、人々が相互扶助やシェアリングに基づいた社会関係を築いているために、加入者＝所有者＝利用者という図式が成り立たないということである（Aker & Mbiti 2010; James & Versteeg 2007）。狩猟採集民としての特徴をもったバボンゴの社会は、とりわけこのような相互扶助とシェアリングに深く根ざしている。パーソナルメディアであるケータイは、非対面的で個人化された領域の形成を促し、人間関係の固定化をもたらす可能性があると指摘されることがある。こうした議論は、個人主義が浸透した先進国においては妥当性があるとしても、アフリカ狩猟採集社会に援用することはできないだろう。むしろ、人と貸し借りしあったり、クレジットを分けあったりすることが容易な点をみれば、対面的な関係に基づき、相互扶助とシェアリングに根ざした社会と非常によく適合するとも考えられる。

　また、獣肉取引や民俗医療にみられたように、ケータイの利用によって特定の個人に経済的な利益がもたらされることがあったとしても、それが富の蓄積と格差の拡大につながるかどうかは、その後の社会交渉に依存する。少なくとも本章の事例では分配がなされており、個人が利益を得るからといってそれがすぐに平等社会の崩壊につながるとは考えにくい。こうした筆者の予測の当否は、ケータイの普及がさらに進んでいくなかで明らかになるだろうが、しなやかに変化するバボンゴ社会の動向にこれからも注目していきたい。

（松浦　直毅）

＊注

(1) たとえば、カメルーン東部からガボン北部およびコンゴ共和国北西部のバカ、中央アフリカ共和国南部とコンゴ共和国北部のアカ、コンゴ民主共和国北東部のムブティとエフェ、ウガンダ

(2) 携帯電話会社は、シェアの順に、インド資本の airtel、モロッコテレコムが筆頭株主の libertis（旧ガボンテレコム）、中東資本の moov、同じく中東資本で 2009 年に参入した azur がある。
(3) ガボン、カメルーン、コンゴ共和国、中央アフリカ共和国、赤道ギニア、チャドで流通する中央アフリカ諸国銀行発行の共同通貨で、1 ユーロ = 655.957cfa フランである。
(4) たとえば「1 分 30 円」であれば、10 秒の利用でも 30 円を払わなければならないが、こうした損が出ないサービスとして、秒単位で料金が計算される。
(5) およそコストに見合わないと思われる場所にも電波塔を建てるのは、人の居住域をすべてカバーすることを目指した国家政策が関わっているからだと考えられる。
(6) デジタル・デバイドが問題であることをことさらに主張するのは、情報産業への公共投資を正当化するイデオロギーであるという批判もある（太朗丸　2004）。

＊参考・引用文献

Aker, J. C. & I. M. Mbiti, 2010, "Mobile Phones and Economic Development in Africa," *Journal of Economic Perspectives* 24（3）: 207-232.
James, J. & M. Versteeg, 2007, "Mobile Phones in Africa: How Much Do We Really Know?" *Social Indicator Research* 84: 117-126.
市川光雄，1991，「平等主義の進化史的考察」田中二郎・掛谷誠編『ヒトの自然誌』平凡社，11-34.
竹内潔，2001，「「彼はゴリラになった」――狩猟採集民アカと近隣農耕民のアンビバレントな共生関係」市川光雄・佐藤弘明編『森と人の共存世界』京都大学学術出版会，223-253.
太朗丸博，2004，「社会階層とインターネット利用：デジタル・デバイド論批判」『ソシオロジ』48（3）: 53-66.
寺嶋秀明，1997，『共生の森』東京大学出版会．
―――― 2011，『平等論　霊長類と人における社会と平等性の進化』ナカニシヤ出版．
松浦直毅，2012，『現代の〈森の民〉――中部アフリカ、バボンゴ・ピグミーの民族誌』昭和堂．

Chapter 7 呪術化するケータイ

　この章は、「アフリカニスト」（アフリカでフィールドワークをする人々の通称）が担当する他の章とは性格が異なる。わたしは東南アジアの一国、ラオス人民民主共和国でフィールドワークを行ってきた。ラオスでもケータイ利用が普及・拡大しており、そのことに関心をもっている。その関係で途上国・新興国のケータイ事情、特にアフリカのケータイ事情にも関心を寄せているが、わたし自身はアフリカでフィールドワークをしたこともなければ、行ったことすらない。そんなわたしがアフリカの話をするのは妙なことに思えるだろう。けれども、人類学のフィールドワークは、フィールドワークだけで成り立つものではない。フィールドワークの成果、つまり「エスノグラフィ（民族誌）」を読みこみ、理論的な整理を行うことも、不可欠かつ重要な作業である。そうした作業の一例として、この章を読んでみてもらいたい。

1　ケータイと呪術——現代アフリカのふたつの現象

　この章では、現在のアフリカ研究において注目されているふたつの現象を取り上げる。

　ひとつは、この本のメインテーマでもあるケータイをめぐる現象である。近年、アフリカではケータイの利用が急速かつ爆発的に増えている。そのネットワークは都市部だけでなく農村などの周辺地域も含むものとなり、一部の裕福な人だけでなく、市井の人々が日常的に利用するものとなった（コラム1参照）。ケータイの普及は、「近代化」や「グローバル化」と表現されるアフリカの近年の社会変化を象徴する現象として注目されている（Introduction参照）。

　もうひとつは、意外に思うかもしれないが、「呪術（magic）」をめぐる現象である。呪術とは、超自然的な力によって、種々の現象、特に災厄をもたらしたり、その災厄を防いだり解決したりしようとする行いである。呪術によってもたらされる災厄は、たとえば病気や死、収穫の減少や家畜の死、隣人や親族と

の不和など多種多様である。災厄をもたらす呪術を「邪術（sorcery）」と「妖術（witchcraft）」とに分けることもある。邪術は意図的に行使されるものであるが、妖術は霊的な力をもつ者が意図せずにその力を発動するものである。それゆえ妖術のような力は、呪医や霊能師のような職能者だけでなく、自覚のない一般の人ももっていると疑われることがある。こうした超自然的な力をめぐる行為と観念を総称して、ここでは呪術と呼ぼう。

　人類学者はこれまで、世界各地の呪術的な現象を報告してきたが、殊にアフリカ諸社会に関するものは量・質ともに豊富である。それは、呪術がアフリカの社会文化的な特徴の中核を成す現象とみなされてきたからである。しかしその一方で、呪術はアフリカの「未開性」「伝統性」「後進性」を示す指標ともみなされてきた（Introduction 参照）。それゆえ呪術は「遅れたもの」「過去のもの」であり、近代化やグローバル化が進行するなかで弱体化し、いずれは消え去るものと考えられてきた。だが、近年のアフリカに関する人類学的研究（阿部ほか編 2007）が報告するところでは、今日でも呪術は日常茶飯のできごとであり、地域によってはむしろ活発化しているという。農村だけでなく都市部においてもさかんであり、そこに関わるのは一般の人々だけでなく実業家や政治家などの「近代人」も含まれる。呪術は「都市化、開発、政治、ビジネスからエイズ問題にいたる現代アフリカの諸情勢に密接に関与し、それらの動向を左右している」（近藤　2010：29）現象として注目されている。

　ケータイと呪術。どちらも近年のアフリカ研究において注目されている現象であるが、両者は関係がないように思えるだろう。しかし、現在のアフリカの社会状況、ケータイと呪術それぞれの特性を踏まえると、両者は必ずしも無関係とも言い切れない。この章では、呪術とケータイの交錯点という一見奇妙に思えるところに注目し、そこからアフリカにおけるケータイをめぐる現象を捉え直してみたい。まず、近藤英俊（2007）の議論を参考に、アフリカにおける呪術と社会状況の関係を概観し、ケータイと呪術がどのような点で交錯しうるかを探る。次に両者が交錯するひとつの事例を、ジャネット・マッキントッシュによる東ケニアの海岸都市での研究（McIntosh 2010）から紹介する。これらの議論を踏まえて、最後にケータイと呪術の交錯点に注目することの意義について簡単なまとめを行う。

2　現代的現象としての呪術

1. 解釈の装置としての呪術

　前述のように、しばしば呪術は「未開性」「伝統性」「後進性」の指標とみなされてきたが、人類学者はそうした見方に慎重であった。アフリカに生きる人々は、生々しい現実感をもって呪術を経験し、日常的にそれを行ったり語ったりする。そうした姿をフィールドワークのなかで目の当たりにしてきた人類学者は、現地の人々の視点から呪術を理解するための豊かな可能性を示してきた（竹沢 2007：81-101）。ここでは、そのなかでも重要とされる知見のひとつに注目しよう。それは、人間に生じるさまざまなできごとを説明するための一種の「解釈の装置」として呪術を捉える視点である。

　人類学者の間では有名な例をあげよう（Evans=Pritchard 2001）。ある人が穀物倉の陰で日を避け休憩している時、穀物倉が倒壊して大怪我を負う事故が起こったとする。この時人々は呪術の関与を疑う。もちろんその怪我の原因は穀物倉の下敷きになったためであるし、穀物倉が倒れたのも、たとえば柱が腐っていたり白アリに喰い荒らされたりしたためである。人々はそのことを認め、呪術を直接の原因とみなすわけではない。ここで問題とされているのは、ほかでもないその人が陰で休んでいたという事象と、まさにその時穀物倉が倒壊したという事象が「なぜ」結びついたのか、という点である。そして、これらの事象を結びつけ、特定の事故（できごと）を生み出したのは呪術の力によってだということになる。このできごとの個別性をめぐる「なぜ」という問いに対し、わたし達であれば「偶然」や「運」で片づけようとするが、彼らは呪術の力によって説明するというのである。

　とはいえ、あらゆるできごとは個別的であるといえるが、そのすべてにおいて「なぜ」が問われ、呪術による解釈が加えられるわけでもない。たとえば、蚊に刺されることはしばしばあり、痒いがいちいち「なぜ」とは問わないだろう。だが、それが原因でマラリアになったら話は別である。ほかでもない私がマラリアに罹り、高熱にうなされ、しかも治療費がかさみ、妻に愚痴を言われている。こうした身体的・精神的・社会的な苦悩が伴う時ほど「なぜ」という問いは起こりやすい。それが十分に予防していたならなおさらである。特に気

を使っていなければ、「しかたない」とあきらめもつくだろう。けれども、暑いなか長袖のシャツを着て、虫除けや蚊帳を使うなど予防に心がけており、通常であればこれで十分に予防できたはずである。が、そのわたしがマラリアに罹って苦しんでいる。通常のやり方で想定される普通の物事の成り行きのとおりにいかない時、つまり想定外の事態が起きた時、「なぜ」という疑問はより強まる。

　できごとの個別性をめぐる「なぜ」という疑問が強まるほどに、呪術の力が疑われ、それによる解釈が試みられる。この「なぜ」は、その個別性ゆえに問わずにはいられない、しかしその個別性ゆえに問えば問うほどに一般化された説明では答えられない、結果として「よくわからない」と感じられる類のものである。たとえば、一貫性があり整合的な知識の体系とされる近代科学は、この悩みの種に対して「確率」のような形で一般化した説明を与えてくれる。しかし、それでは腑に落ちない。対して呪術は、流動的で可変的な性格をもつ観念と行為の総体であるため、一貫した整合的な説明とはなりにくい。それゆえ「非合理的」なものとして、「未開性」や「後進性」の指標とみなされてきた。しかしその性格ゆえに、状況に応じて即興的に多様な意味づけや解釈が可能であり、個別のできごとについて、さまざまな要素を結びつけながらある程度納得のいく説明を探る余地を与えてくれるものでもある。呪術とは、一般化された説明では解消できないできごとの個別性をめぐる「なぜ」と親和性の高い解釈の装置なのである（近藤　2007：75）。

2. 社会変化と呪術

　こうした性格をもつ呪術は、アフリカの現状においてどのような意味をもつのだろうか。近藤は、過去20年ほどの間にアフリカが経験した政治、経済、社会の変化を列挙している。あえて整理せず引用しよう。

　　国家の名目化（例えばソマリア、旧ザイール）、合理的（しかし抑圧的な）官僚機構の崩壊（南アフリカ）、冷戦崩壊以降顕著な個人的権力の分散と短命化（西および中部アフリカの諸国）、複数政党制の導入、行政機能の低下、海外の諸勢力の複数化（旧宗主国、アメリカからサウジアラビア、中国、日本にいたる諸外国、無数の宗

教団体や開発協力に携わる NGO、営利的傭兵等)、IMF・世界銀行主導の構造調整の不徹底・失敗、公的部門の縮小・民営化、いわゆるインフォーマルな経済セクターの停滞とインフォーマルセクターの拡大、経済のアンダーグラウンド化、生活状況の悪化、そしてこうした状況下における、都市―農村間の血縁的・地縁的結びつきの強化、いわゆる都市の農村化や、都市エリートによる農村開発と互助活動の推進、「伝統的」な政治的権力の復興と創造、宗教団体・カルトグループの増殖と活性化等々のさまざまな変化が今日アフリカ各地で見られるようになっている。一方大陸内外の物・サービス、情報そして人の移動は加速しても減速することはないように思われる。(近藤 2006：78)

　具体的な詳細はわからなくとも、さまざまな要因が絡みあい大きな変化のうねりを生み出していることはうかがえるだろう。こうした社会状況では、多数の相異なる文化が短期間のうちに流入し、かつそれらを整理し体系化する権威の力も弱体化している。伝統的なものと近代的なもの、ローカルなものとグローバルなものが混在し、そのいずれもが決定的なものとはなりにくく、何が正しく信頼にたる言説や知識なのかがよくわからない。しかも状況は刻々と変わり、ひとつの事態や認識は持続せず、一定の方向にも推移しないため、次に何が起こるかもよくわからない。この「よくわからない」だらけの状況下での生活は偶発的なできごとに翻弄されるものとなり、人々はできごとの個別性をめぐる「なぜ」に頻繁に直面することになるだろう。
　その時、「わからないままにしておく」という思考の停止や、「わからなくてもよい」といった開き直りもひとつの態度である。確かにそうした態度はしばしばとられるだろうし、問題が深刻でなければそれでもよい。けれども上述の事態は、貧困の深刻化、格差の拡大、病気の流行などのさまざまな問題も生み出しており、人々はそれらに伴う身体的な不調、精神的な苦痛、社会的な苦悩にさらされることになる。頻繁に直面する「なぜ」は、深刻さも増しているのである。
　近藤 (2007：86-87) は、こうした状況下で人々は、いつでも、どこでも、誰でもすぐに使える「万能薬」的な知識や技術への指向性を強めるだろうと指摘する。その「万能薬」のひとつは、相手が誰であれ贈与を通して相手を操作す

るために利用できる貨幣であり、それを用いたいわゆる「賄賂」という戦略的実践である。しかし、現在のアフリカ諸社会において直面する「なぜ」は、貨幣では埋めることができない。それに対処できるもうひとつの、そして唯一といえる「万能薬」が呪術なのである。呪術は、高度に不確実で、先行きが不透明な現代アフリカの日常を生き抜くための術となっている。その点で、呪術をめぐる現象は、過去のものではなく、現代的なものといえるのである[1]。

3. ケータイによる社会変化と呪術

さて、以上の議論を踏まえてケータイをめぐる現象に目を向けてみよう。ケータイは、たとえばヴィレッジフォンの例（コラム2参照）のように、貧困や格差などの社会問題に対処する有効な手段とみなされている。それを用いて困難な状況に対処しようとする人々の実践も報告されている（第9章参照）。また開発、行政、医療などと結びつくことで、制度やサービスの整備・拡充にも貢献してもいる（コラム7参照）。こうした側面に注目すれば、ケータイは、呪術とは別の意味での、もうひとつの「万能薬」のように思えてくる。

けれども、ケータイは同時に、個人化の促進、社会関係の変容、それに伴うアイデンティティの複雑化といった変化をもたらすことも指摘されてきた（Katz & Aakhus 2002）。さらに、ケータイが政治や経済、医療などと結びつくことで、その普及が「デジタル・デバイド（情報格差）」と呼ばれるあらたな問題も生み出し、促進する要因ともなっている（Horst and Miller 2006）。ケータイは、上述した現代アフリカの政治経済的、社会文化的な変化の一端を担い、それを促進するものとみなすことができる。だとすればケータイは、今日のアフリカの不確実で先行きが不透明な状況を促進している要因のひとつとなっているともいえよう。

加えて、ケータイが普及すると忘れられがちだが、重要な点がある。一般の人々にとってケータイは、社会的な影響うんぬんとは別に、便利で興味を引くものとして日常的に利用されるようになっているが、そのテクノロジーについては実際のところほとんど知らないという点である。日常的なものとなったケータイというテクノロジーが、実は「よくわからないもの」そのものなのだ。ケータイとは、流動的で不確実な社会状況を促し、「よくわからない」ことを増や

す一因であるとともに、それ自体が「よくわからない」ものである。ここまでみてきた呪術の性格を踏まえて考えると、こうした性格をもつケータイと呪術は、実は親和性の高いものと考えられるのである。

では、両者はどのように結びつきうるのだろうか。この点について次節では、ケニア共和国東部海岸地域のマリンディ（Malindi）という都市部におけるケータイの利用をめぐるギリアマ（Giriama）の人々の解釈に関するマッキントッシュの研究（McIntosh 2010）をもとに検討してみたい。

3 ケータイと呪術の交錯するところ

1. 都市に暮らすギリアマ

マリンディは、ケニア東部のインド洋に面する海岸地域の一都市である。国内外から観光客が訪れるリゾート地として知られている。マリンディを含む海岸地域は、もともとミジケンダ（Mijikenda）と総称される農耕民が住んでいたが、アラブ人を中心とする海洋交易で栄えた歴史があり、古くからアラブ人が入植してきた地域でもある。そのため、交易や通婚などを通じた両者の文化の交渉と混淆も進み、イスラームを生活規範とするスワヒリ文化（Swahili）が醸成された地域でもある（McIntosh 2004: 94）。そうした歴史的背景もあって、現在のマリンディはミジケンダの諸民族、スワヒリ、アラブ系、さらにはアジア系や外国人観光客などの多様な人々が混在する多文化的な都市である。そのなかでもここで注目するのは、ミジケンダ諸族に属する民族集団のひとつであるギリアマの人々である。

ギリアマは、植民地期以降もっとも周辺化されてきた民族集団のひとつであり、たとえばイギリス植民地行政のもとで彼らは、もともとの農耕地を奪われ、土地の所有が認められず、大半が小作人の立場に追いやられた（McIntosh 2010: 339）。彼らの周辺的な立場、特に経済面での周辺性は、現在の都市生活でも形を変えながら継続している。マリンディの主要産業である観光業は、白人系ケニア人（white Kenyans）と企業によって独占されている。一方、小商いの大半は、スワヒリ系、アラブ系、アジア系の人々が取りしきっている。そのため、こうした産業や商いにギリアマは参入できず、経済的な安定を得ている者はほとん

どいない状況にある。彼らの多くは都市郊外の湿地帯にスラムを形成して住んでいるが、そこでは彼らのもともとの生業であった農耕を持続的に行うことが困難であるため、大半のギリアマは都市での低賃金の労働に従事している。その多くは、肉体労働、家政婦、ホテルの使用人、女性であれば売春など、ケニア海岸地域に押し寄せるヨーロッパ観光客が生み出す労働である。

　こうしたギリアマの周辺性は言語の面にもみられるという（McIntosh 2005: 1924-1926, 2010: 340）。マリンディではさまざまな言語が使われているが、ギリアマとの関係で主な言語は3つある。彼らの母語である「ギリアマ語（*Kigiriama*）」と、ケニアの公用語である「スワヒリ語（*Kiswahili*）」と「英語」である。彼らの日常的な会話で用いられるギリアマ語は、ギリアマの誇りと連帯を象徴するものとみなされ、民族的なアイデンティティと結びついている。対して「ケニアの国語」ともいわれるスワヒリ語は、マリンディの社会経済的な中心を占めるスワヒリやアラブ系などの人々が使用する言語である。そして英語は、高学歴で支配的な立場にある人々が用いる言語であり、近代的で国際的な人物が用いる言語ともみなされる。

　スワヒリ語も英語も公用語であることもあり、ギリアマ語よりも社会的に高く評価されており、その話者はギリアマ語を彼らの周辺性や民族的な偏狭さを示すものとみなしている。そのことはギリアマ自身も痛感している。たとえば、都市部に暮らすギリアマの多くは小学校教育を受けているが、学校においてギリアマの生徒はギリアマ語の使用を避け、スワヒリ語と英語の学習を始めるという。またスワヒリ語や英語を話すギリアマが、それらの言語をほとんど話せない年配者や教育を受けていない者を非難することもあるという。

　多民族・多文化的なマリンディやその周辺に暮らすギリアマは、日々の生活のなかで自らの社会的・文化的な周辺性をさまざまな形で折にふれて感じているのである（McIntosh 2010: 339-340）。

2　若者とショートメッセージ

　2000年のマリンディではケータイを所有する人は稀であったが、2000年代中頃には若者を中心にその所有と利用が一般化したという（McIntosh 2010: 350）（ケニアのケータイ事情については第1章、第9章を参照）。都市部に暮らす収入の少な

いギリアマも、すぐに手放したりはするものの、広くケータイを購入し利用するようになった (McIntosh 2010: 341)。若者や中年層を中心に普及したケータイは、たとえば仕事探し、儀礼などの準備、病気や経済的危機の際の親族間での支援の要請などに利用されることで、彼らの社会生活に大きな影響を与えている。同時に、そうした場面だけでなく、ケータイの普及に伴い家族や親族、友人や知人、恋人や愛人の間での日常的なちょっとしたやり取りも頻繁になったが、そこでは節約のために通話よりもショートメッセージ・サービス (SMS) が頻繁に利用されるという。

　こうしたやり取りにおいて若者が作成するメッセージには、言語の面での特徴がみられる。ケータイで通話をする時彼らは、対面的な場面と同様に、通話の相手や内容に応じてスワヒリ語や英語を使うこともあるが、ギリアマどうしの場合はギリアマ語のみで話すのが普通である。しかしショートメッセージでは事情が一変する (McIntosh 2010: 341)。上述のように都市部に暮らすギリアマの若者の多くは小学校でスワヒリ語と英語を学んでおり、ギリアマ語もローマ字を用いて発音通りに表記することができるが、彼らはメッセージの大半を英語とスワヒリ語によって作成する。そして、標準的な英語の表記法ではなく、インターネットや外国人観光客とのかかわりなどで見聞きする西洋の若者の英語のように単語の短縮化などを頻繁に行い、さらにひとつのメッセージの中で英語とスワヒリ語の切り替えも頻繁に行うというのである。たとえば以下のようにである (McIntosh 2010: 342) (なお、下線は英語の短縮化、太字はスワヒリ語、太字の斜体はスワヒリ語をベースとした都市スラング「シェン (*sheng*)」を表す)。

【ある若い女性が25歳の男性に送ったメッセージ】
　　本文　I mis u tm, could u do me one thng? Call me wanna hear ur voic. this nite.
　　英訳　I miss you too much, could you do one thing for me? Call me; [I] want to hear your voice tonight.
　　和訳　あなたがとても恋しいわ。ひとつだけ私のお願いを聞いてくれる？電話をして、今夜あなたの声が聞きたいの。

【ケニアの首都ナイロビに暮らす20代の男性が恋人に送ったメッセージ】

本文　Ill cm 2 Mld **na si** do it, coz mafince not gd. wanna c if I cn get ***doo*** n da eveng.

英訳　I'll come to Malindi and not do it, because my finances [are] not good. Want to see if I can get ***money*** in the evening.

和訳　マリンディに行こうと思っていたけどできそうにない、金回りがよくなくてさ。今夜、金を稼げたら、会いたいな。

　こうしたメッセージは、特に友人や恋人とのやり取りのなかでしばしば用いられるという。それは文字数の節約や入力の簡便化のためであるが、彼らはこうしたメッセージは形式的でなく陽気で、軽やかで愉快な気分を演出するための方法であるという。それを用いて彼らは、普段とは異なる形でのコミュニケーションを楽しんでいるのだろう。そうした感覚は、絵文字などを使う日本の若者とそれほど変わらないのかもしれない。

　しかしそこには、ギリアマの若者のアイデンティティをめぐる実践としての側面も見出すことができる（McIntosh 2010: 341）。ギリアマの若者は、こうしたメッセージは自分を「近代的」「西洋的」「先進的」でオシャレな都会人として示すための手段だともいう（McIntosh 2010: 342-343）。彼らは、英語を中心にメッセージを作成することで、英語とケータイが象徴するグローバルで近代的な世界とのつながりを示し、西洋の若者の表記法を用いることで、彼らが体現する（とみなされる）自由さや陽気さ、軽快さを特徴とするポスト近代的なアイデンティティを演じている。と同時に、スワヒリ語を組み合わせ、かつそれを英語のように短縮化などをせず標準的な表記法を用いることで、英語が支配するグローバルな世界に飲み込まれず、それを飼い慣らしている「近代的なアフリカ人」としてのアイデンティティも示そうとしている。こうした実践は、ギリアマの周辺化されたローカルな社会状況とは異なる経験を、たとえ一時的・断片的なものであれ彼らにもたらしている（McIntosh 2010: 342-343）。

　しかし、そうした経験が単純にギリアマの民族的アイデンティティの否定につながるわけではない。英語とスワヒリ語で大半のメッセージが作成されるなかで、ギリアマ語が使われることがあり、そこには特有の意味がこめられている（McIntosh 2010: 345-347）。上述のように、英語とスワヒリ語で作成されるメッセージは軽やかさや自由さを演出し「近代性」や「先進性」を表象するものと

ケータイの看板に使われるシェン。"Mos Mos!" は "More slowly More slowly!" の意味。料金サービスによって「もっとゆっくり話せるぜ！」という広告

されるが、それと対置されることでギリアマ語は、民族的な責任や権利がこめられた「重み」をもち、真剣さ、親密さ、敬意などを示すものとなった。たとえば、年上の兄による学費の援助に対する謝意を伝えるメールではギリアマ語が用いられることになる。かくして、メッセージ作成におけるギリアマ語は、日常的な会話よりも顕著なかたちでギリアマの民族的アイデンティティを帯びたものとなり、その使用を通じてあらためてギリアマの民族的アイデンティティを身体化してもいるのである（McIntosh 2010: 339）。

　ケータイのメッセージを作成するという日常的な営みの中で、ギリアマの若者たちは複数のアイデンティティと文化の間を行き来し、断片化し、それらをかけあわせている。それを「したたかな文化接合・流用の実践」とみることもできよう（近藤　2007：76-79）。けれどもそうした実践は、ギリアマの周辺化された社会経済的な状況を改善するものではなく、近代的でグローバルな世界から取り残される不安を強めることもあるだろう。同時に、一時的・断片的なものであれ日々の生活では無縁に思われる世界にふれる経験は、自分たちの周辺的な状況を脱する期待も掻き立てるだろう。彼らの実践からは、むしろ不安と期待とが複雑に交じりあう不確実で先行き不透明な日常を生きる姿を垣間見ることができ、そうした日常を促進する一因がケータイの利用にあるように思われるのである。

3. 年配者の応答と呪術化するケータイ

　さて、若者の独特な実践はしばしば年配の世代の懸念の種になるが、それはギリアマも例外ではないようである（McIntosh 2010: 347-350）。ギリアマの年配

者は、若者による積極的なケータイの利用がギリアマの民族的なアイデンティティと連帯を脅かし、年配者の威信を減ずるのではないか、という懸念や不安をしばしば示すという。

そもそもこの懸念や不安のもとは、ケータイの「よくわからない」テクノロジーにある。特に時空間を超えて言葉やメッセージを「飛ばす」ことのできるテクノロジーが「よくわからない」のである。彼らはそこに超自然的な移動性を感じ取り、同じく超自然的な移動性を特徴のひとつとする呪術的な力との関連を疑っている。たとえばある中年男性は、「ケータイは精霊（spirits）と関係しているよ、じゃなければ、宙を飛ばして文章を目的地に送るなんてこと、どうやったら可能だっていうんだい？」（McIntosh 2010: 348）と言ったという。しかもケータイが発揮する呪術的な力は、さまざまなかたちでアフリカに介入してきた「白人」が、そこで盗んだ「秘密」を流用して生み出したものであると疑われているのだ。

ケータイの呪術性についての疑惑は、ギリアマの間に広く浸透している文化的言説である19世紀の預言者ミポホ（*Mipoho*）の預言をあらためて思い起こさせた（McIntosh 2010: 339, 348）。それは、白人の到来と、彼らによって車や列車、飛行機などの驚異的な移動性を発揮する技術がもたらされることを予言したものである。この予言は、「白人」と彼らがもたらすテクノロジーが引き起こすギリアマの文化とアイデンティティの危機としばしば結びつけられて語られるという。ケータイの普及に伴い、「白人」によってもたらされた驚異的な移動性を発揮するケータイもまた、ミポホの予言と結びつけられ、ギリアマの伝統を脅かすものとして語られるようになった。

そうした語りでは、ギリアマの慣習や年配者に対する若者の敬意が損なわれることへの危惧が特に示される。伝統的にギリアマは、年齢階梯制（第3章を参照）に基礎を置く長老政治を特徴とし、同時に呪術的な力と知識を占有することで、年配者が若者に対する権威を有していた。社会的な変化に伴う年齢階梯制の解体によって弱まってきた年配者の権威が、ケータイの普及によってさらに弱められるというのである。たとえば、若者の間ではケータイを介した異性間のコミュニケーションがさかんであるが、それは秩序をもった性的関係に乱れを促し、ギリアマの社会関係の基礎を成す母系的な親族のつながりを破綻

させかねないのである（McIntosh 2010: 348-349）。

　さらに脅威となるのは、ケータイの呪術的な力である。「白人」が生み出したこの力は彼らによって制御されていると目されているが、問題は若者である。上述のように、彼らが作成しやり取りしているメッセージは複数の言語を組み合わせたり、単語を短縮化したりといった「奇妙な言語」が用いられる。呪術的な力を行使するにはさまざまな呪具とともに特有の言語を必要とするが、「白人」の言語を流用した「奇妙な言語」でメッセージを作成する若者は、「白人」が統制する呪術的な力の秘密を知っており、その力を操作していると疑われている。ケータイを積極的に利用する若者は、年配者には操作不能の呪術的な力を行使することで呪術の面でもその権威を脅かし、社会的な秩序に乱れをもたらす存在とみなされているのである（McIntosh 2010: 347-349）。

　若者たちは、年配者が抱くこうした疑惑を、慣習に縛られ新しいものを拒絶する「後進的」な態度の現れとしてしばしば非難するという。しかし、ケータイの呪術性をめぐる疑惑や不安は、年配者だけのものというわけではない。たとえばある若者は、年配者と同様にメッセージを「飛ばす」ことのできるケータイのテクノロジーに、呪術的な力が関連しているとの疑念を示したという。また別の若者は、メッセージ作成の時に無意識のうちに使用言語の切り替えや単語の短縮化などをしてしまうことに、ケータイの呪術的な力を疑ったという（Macintosh 2010: 347）。ケータイの呪術性に対する懸念は、年配者の語りのように顕在的なかたちでは示されないが、潜在的には彼らにも共有されていることがうかがえる。

　ここまでの議論をふまえて考えると、こうした若者の態度はそれほど不思議なものではない。周辺化されたローカルな社会状況において彼らは、ケータイを介した「グローバルで近代的な世界」とのかかわりのなかで、不安と期待とが複雑に交じりあった不確実で先行き不透明な日常を生きている。こうした状況下ではできごとの個別性をめぐる「なぜ」に直面しやすい。そして、ケータイを日常的に使用している彼らにとっても、そのテクノロジーは「よくわからない」ものだろう。ギリアマの若者にとってもケータイは、流動的で不確実な社会状況を促し「よくわからない」ことを増やす一因であるとともに、それ自体が「よくわからない」ものなのである。そして、この「なぜ」と「よくわか

らなさ」は呪術と親和性が高いことは前述したとおりである。ケータイという呪術とは一見無縁な「近代的」で「先進的」なテクノロジーを使うことが、かえって呪術の力を感得し、意識化させる契機となりえる。そして、年配者よりも積極的にケータイを利用している若者の方が、そうした契機をより多く経験しているとも考えられるのである。

4 呪術化するケータイに目を向けることの意義

　ケータイと呪術いずれの現象も「アフリカ」と一口で括ることのできない多様性と動態性を有する以上、ギリアマのケータイと呪術の交錯の事例を一般化することは難しい。だが、現在のアフリカの社会文化的状況を鑑みれば、ケータイと呪術が交錯すること自体は必ずしも特殊な現象というわけではないとも考えられる[2]。その点でケータイと呪術の交錯点に注目することは、現在のアフリカの社会文化的状況を理解するための興味深い手がかりとなりうるが、ではケータイの普及という現象を理解する上でどのような意義があるのだろうか。

　都市部に暮らすギリアマの人々にとってケータイは、日常的に利用されることで彼らの社会生活に変化をもたらし、若者たちのメッセージの作成にみられるような「ケータイ文化」も生み出されている。その点に目を向ければ、ケータイは「社会に埋め込まれる／埋め込まれたテクノロジー／メディア」(羽渕, 2008：29) として捉えることができる。しかし一方で、さまざまな要因と結びつくことでケータイは、呪術性を帯びた「外部から持ち込まれる新しいテクノロジー／メディア」としても捉えられている。このケータイと呪術の交錯点に目を向けることは、ケータイはさまざまな物事と結びつきうるものであり、それゆえケータイの捉え方も多様で重層的なものであることに気づかせてくれる。そしてそこからは、日常生活のローカルな場においてケータイの普及は、単線的・一枚岩的に進行するものではなく、ゆらぎやよどみのある複雑で動態的な現象であることを垣間みることができるのである。

　アフリカのケータイ事情をめぐる現行の議論では、契約件数などの量的・統計的な資料に基づき、「ケータイが爆発的に普及している」という総論的な現

状把握が先行している。もちろん統計的な資料は重要であるし、そこからみえてくる全体像も間違いではないだろう。しかしケータイの普及という現象を適切に捉えるためには、ケータイが普及しているという「結果」だけでなく、それがどのように生じているのかという「過程」に目を向ける必要がある。だが現状においては、結果の分析が先行し、その過程はしばしば見落とされているのである。ケータイが普及する過程を理解するためには、人々がケータイをどのようなものとして捉えているのか、その解釈にも目を向ける必要がある。そしてそのためには、それが日常的に利用されるローカルな場における質的な調査、つまりフィールドワークが求められることになる。ケータイと呪術の交錯点は、その作業におけるひとつの足がかりとなりうるのである。

　アフリカのケータイ事情に興味をもつ人の大半は、きっと、呪術は「過去のもの」「遅れたもの」であり、ケータイとは無関係のものとみなすだろう。いや、そもそも呪術などには興味をもたないかもしれない。しかし、現在のアフリカにおいてケータイと呪術は親和性の高いものであり、それらが交錯するところに目を向けることは、人類学者による呪術の理解の試みと同様に、「現地の人々の視点」からケータイの普及の過程を理解するための興味深い手がかりを与えてくれるのである。

（岩佐　光広）

＊注
(1)　しかし、アフリカのこうした状況が近年だけに特徴的なものだとは必ずしもいえない。今日のアフリカの歴史研究や人類学的研究が明らかにしているように、歴史的にアフリカ大陸とは多様な文化の交渉と混淆の場であったということも十分に意識しておく必要があるだろう（近藤 2006：41-42）

(2)　この章とは少々異なるかたちの交錯点も報告されている。たとえばカメルーン北部の山地部に暮らすカプシキ（Kapsiki）の民族誌的調査を進めてきたファン＝ベークは、ケータイを用いた呪医の実践について報告している（van Beek 2009）。そこでは、クライアントの獲得から、症状や問題の問診、施術の過程はすべてケータイを介して行われる。料金の支払もケータイの送金サービスによって行われる。その過程において呪医は、クライアントとは一度も直接に対面する必要はない。そのため、遠方に住む者もクライアントにすることができ、今ではノルウェーやパリに暮らすアフリカ人もクライアントとしているという。時間と空間を圧縮するケータイというテクノロジーは、呪術的実践の時間と空間の圧縮も生み出しているのである（呪医のケー

タイの利用について第6章も参照)。

＊参考・引用文献

阿部年晴・小田亮・近藤英俊編，2007，『呪術化するモダニティ――現代アフリカの宗教実践から』風響社．

Evans-Pritchard, Edward E., 1937, *Witchcraft, Oracles and Magic among the Azande*, Oxford: Clarendon Press.（＝2001，向井元子訳『アザンデ人の世界――妖術・託宣・呪術』 みすず書房．）

羽渕一代，2008，「ケータイ急速普及地域ケニア――周縁地域の利用をめぐるエピソードから」『人文社会論叢』（人文科学篇） 20: 29-47.

Horst, Heather A., and Daniel Miller, 2006, *The Cell Phone: An Anthropology of Communication*, New York: Berg.

Katz, James Everett and Mark A. Aakhus, 2002, *Perpetual Contact : Mobile Communication, Private Talk, Public Performance*, Cambridge, U.K.: Cambridge University Press.（＝2003，立川敬二監修 富田英典監訳『絶え間なき交信の時代――ケータイ文化の誕生』 NTT出版株式会社．）

近藤英俊，2007，「瞬間を生きる個の謎、謎めくアフリカ現代」 阿部年晴ほか編『呪術化するモダニティ――現代アフリカの宗教実践から』 風響社，19-110.

McIntosh, Janet, 2004, "Reluctant Muslims : Embodied Hegemony and Moral Resistance in a Giriama Spirit Possession Complex," *Journal of Royal Anthropological Institure* 10 : 91-112.

――――, 2005, "Language Essentialism and Social Hierarchies among Giriama and Swahili," *Journal of Pragmatics* 37: 1919-1944.

――――, 2010, "Mobile Phones and Mipoho's Prophecy: The Powers and Dangers of Flying Language," *American Ethnologist*, 37（2）: 337-353.

竹沢尚一郎，2007，『人類学的思考の歴史』 世界思想社．

Van Beek, Wouter, 2009, "The Healer and His Phone: Medicinal Dynamics among the Kapsiki/Higi of North Cameroon," Mirgam de Bruijn, Francis Nyamnjoh, and Inge Brinkman eds., *Mobile Phones: The New Talking Drums of Everyday Africa*, Langaa and African Studies Centre, 125-133.

ヘルスケアにおける情報通信技術の活用

　情報通信技術 (Information and Communication Technology: ICT) の進歩と利用の拡大に伴い、教育や行政などの他の領域におけるICTの利活用が試みられている。そのなかでももっとも活発な領域のひとつがヘルスケアである。病院内の効率化に向けたカルテの電子化やネットワークによる共有など、ヘルスケアにおけるIT技術の活用 (これはe-Healthと呼ばれる) が取り組まれてきたが、近年ではケータイやスマートフォンなどのモバイル端末の利活用へと関心が広まっている。

　こうした取り組みは「モバイル・ヘルス (mobile health: mHealth)」と総称される。たとえば、ヘルスケアに関するコールセンターの設置、緊急時の無料連絡サービス、ICTを用いた遠隔診療サービスなどを整備・拡充することで、病院などの医療施設に行かなくとも、モバイル端末からヘルスケアにアクセスできるサービスがある。また、ヘルスケア関連のデータ収集や保健教育におけるモバイル端末の利用も試みられている。こうしたmHealthをめぐる取り組みは、増加し続ける医療費のコスト削減、医療資源へのアクセスの困難の解消、医療者間の連携の充実と強化など、各国が直面するヘルスケア上の諸問題の解決に貢献することが期待されている。また、医療機関や医療者を中心とする従来の医療システムに対し、患者の主体的なヘルスケアへの参与に寄与する可能性を開くものとしても注目されている。

　それゆえmHealthをめぐる事業は現在、世界各地で展開されている。たとえば世界保健機関 (World Health Organization : WHO) の報告書 (2011) によれば、加盟する112ヵ国のうち、国家が主導するmHealth関連の事業が実施されている国は8割を超える。それ以外の国でも、援助機関やNGOなどが実施するプロジェクトは行われており、それを含めれば、ほぼすべての国や地域において何らかのかたちでmHealthに関する取り組みが進行中であるということになる。加えてmHealthはケータイ産業との連携が不可欠であるが、ケータイ産業にとってもあらたなビジネスチャンスとして注目されており、官民共同の事業も活発化している。その代表例が「mHealthアライアンス」である。この組織は、医療分野へのICTの導入によってグローバルな医療サービスの向上を目的とし、国連財団、Vodafone財団、ロックフェラー財団が提携して2009年に設立された (WHO 2011)。

　mHealthは、まさに世界的なトレンドということができるが、なかでも途上国・新興国での取り組みが活発である。2000年に宣言された「ミレニアム開発目標 (Millennium Development Goals: MDGs)」では、途上国・新興国におけるヘルスケア上の諸問題の改善も目標とされている。その実現において、有線電話網が十分に整備されていないこれらの地域ではmHealthが重要な役割を果たすと考えられている (Mechael

2009: 104-105)。前述の WHO の報告書（2011）の中で、いくつかの具体例があげられている。たとえば、バングラデシュでは SMS を利用したヘルス・プロモーションがなされている。モバイル端末からサービスに登録すると、胎児の成長に応じて、検診に行くタイミング、生活上の注意事項、身体状態のチェック項目などのメッセージが妊婦に送信されるようになり、妊婦の健康に対する意識の向上に貢献しているという。ガーナでは、モバイル端末から無料で利用できる医師間の通信網が整備され、それによって医療者間の連携の拡大と強化を試みている。また、途上国・新興国ではヘルスケアに関するデータを収集するシステムがしばしば脆弱であるが、そこでもモバイル端末が活用されている。たとえばカンボジアでは、2003 年の SARS（重症急性呼吸器症候群）の流行を契機に、全国にモバイル端末をもつスタッフを配置し、デング熱などの 12 の疾病の流行や拡大についてのデータ収集と監視のためのシステムを整備した（WHO 2011: 48-51）。

このように mHealth は、ヘルスケアをめぐる諸問題の解決とさらなるサービスの拡充に寄与するものとして世界的に取り組まれている。だが、現時点ではほとんど報告されていないが、そこに潜在する問題性にも目を向けておく必要がある。人文学・社会科学の研究がさまざまな形で指摘してきたように、医療とは古くから社会を統制し、人々を管理する装置でもある（Foucault 1975）。そして、現代社会では ICT がその代表的な装置となっている（Lyon 2001）。この両者が組み合わさる mHealth というシステムは「監視社会」を徹底させる装置として猛威をふるいかねない。また、宣教師による「慈善医療」であれ、植民地における「熱帯医療」、開発援助の一環としての「医療開発」であれ、医療的な介入がしばしば現地の社会文化的背景を無視し、結果として多くの問題を生み出してきたことも忘れてはならない。いかなる取り組みであれ良い面と悪い面の両方が潜在していると言えるが、悪い面を意識してこそ良い面を活かすことができる。その利点や可能性とともに、そこに潜在する問題性を適切に捉えてこそ、mHealth は人々のヘルスケアの改善により貢献することができるだろう。

（岩佐　光広）

＊参考・引用文献

Foucault, Michel, 1975, *Surveiller et punir : naissance de la prison*, Paris: Éditions Gallimard.（＝1977, 田村俶訳『監獄の誕生──監視と処罰』新潮社．

Lyon, David, 2001, *Surveillance Society : Monitoring Everyday Life*, Philadelphia, [USA]：Open University Press.（＝2002, 河村一郎訳『監視社会』青土社．

Mechael, Patricia N., 2009, "The Case for mHealth in Developing Countries, Innovations: Technology, Governance", *Globalization* 4(1): 103-118.

WHO, 2011, *mHealth: New Horizons for Health through Mobile Technologies*, World Health Organization.

Chapter 8 紛争と平和をもたらすケータイ
東アフリカ牧畜社会の事例

　わたし達が日常的に使っているケータイは、アフリカの紛争とまったく無関係ではない。ケータイを製造するためには、タンタルやタングステンなどのいわゆるレアメタル（稀少金属）が必要である。こうしたレアメタルは、アフリカの紛争国から輸入されている場合がある。コンゴ民主共和国では、第二次世界大戦以降、世界最悪といわれる紛争が続いており、死者数は540万人を数える。この紛争では、鉱物資源が違法に採掘されて、武装勢力の資金源になっていることが指摘されてきた。この紛争は、人々の意識のレーダーにひっかからないため、「ステルス戦争」と呼ばれている（ホーキンス・和栗　2009：5）。この章では、コンゴ民主共和国の紛争よりさらに報告例が少なく、ほとんど知られていないあるアフリカの紛争を取り上げ、ケータイと紛争の関係を考えてみたい。

1　はじめに

　アフリカの紛争とケータイは、ともにグローバリゼーションが生み出したものといえる。1990年代に冷戦体制が崩壊して、地球規模の一体化現象が進行する、いわゆるグローバリゼーションの時代に入った。そして、この時期に世界の紛争のあり方は大きく転換した。資本主義と社会主義の対立が過去のものとなり、それに代わって、指導者が民族的・宗教的アイデンティティを操作して人々を動員するタイプの紛争が増加するようになった。こうした現象をメアリー・カルドー（2001＝2003）は「アイデンティティ・ポリティックス」と呼んでいる。アフリカでは特に、冷戦体制の崩壊以降、このタイプの紛争が多発した。その結果、紛争地の地域住民は避難を余儀なくされて難民や国内避難民となり、人の移動のグローバリゼーションが進行することになっていった。

　グローバリゼーションがもたらしたもうひとつの影響は、情報技術革新である。冷戦時代には軍事技術であったインターネットが民間に開放され、電子メディアによるネットワークが文字どおり世界中を覆うようになった。ただし、

アフリカでは、インターネットは十分普及しておらず、多くの人々は、長らく情報技術革新の恩恵を受けることができなかった。しかし、2000年代に入ってから、アフリカ諸国でケータイが急速に普及するようになり、今日、情報技術革新は、人々の生活にも大きな影響を及ぼすようになった。ケータイによって、遠く離れた場所と瞬時にコミュニケーションをとることが可能になり、アフリカでも情報のグローバリゼーションが進行することになった。

　つまり、今日のアフリカにおける紛争とケータイは、共にグローバリゼーションが生み出した産物といえる。そして、この両者は、相互に作用しながら、さらなるグローバリゼーションを生み出しつつある。冒頭で紹介したコンゴ民主共和国の紛争はその一例である。この章では、規模は小さいが、それよりもさらに報告例が少ない東アフリカ牧畜社会の紛争を取り上げて、紛争とケータイの関係を考えてみたい。ケータイという新しいテクノロジーは、アフリカの辺境の紛争にも影響を与え、紛争のあり方を一変させてきたことはあまり知られていない。とりわけ、これまで一般に無線機が使用されてこなかった東アフリカ牧畜社会では、ケータイによる情報交換が紛争を激化させてきた。また、紛争地の住民はケータイを積極的に活用し、それを使ったあらたな戦術をあみ出してきた。一般にマスメディアでは、アフリカの貧困層に対するケータイ利用の恩恵や利点ばかりが強調されており、ケータイの利用が紛争に与える悪影響や問題点については、まだ十分に解明されていない状況にある。

　とはいえ、東アフリカ牧畜社会に生きる人々は、ケータイの利用によって紛争を激化ばかりさせてきたわけではない。アフリカの辺境では、一般に、国家が情報技術革新を十分に統制していない。こうしたなかで、紛争地の地域住民は、自らの工夫によって、ケータイを利用した平和構築のしくみをつくり出そ

うとしている。この章では、ケータイが東アフリカの牧畜社会で、いかに平和をもたらしてきたのかについても考えてみたい。なお、本章では、民族名、国名については仮名で表記した。これは、この調査が、深刻な人権侵害を受けている人々を対象としており、彼らに及ぼす影響に配慮したからである。

2 急速に普及するケータイ

　民族集団Aは、東アフリカのC国の半乾燥地帯に暮らす牧畜民である。2009年の統計によるとその人口は約22万人と推定される。彼らは、主に、ウシ、ヤギ、ヒツジの飼育によって生計を成り立たせている牧畜民である。近年では、賃金労働や農耕を営む人々もみられるが、土地が乾燥しており農耕が困難なため、多くの人々にとって牧畜が中心である。彼らは、家畜の放牧管理を行い、主に畜産物を用いて食料や日用品の自給自足に努めてきた。ところが、家畜定期市が開設された1990年以降、市場経済化が進み、彼らの生活は大きく変化した。人々は家畜市で家畜を売却して現金収入を得るようになり、現在では、主に、その収入でケータイ端末を購入したり、通話料金や充電料金を支払ったりしている。

　東アフリカのC国では、かつて郵便電話通信公社がほぼすべての電話通信事業を独占していたが、1998年に新しい通信法が国会で制定されたことにより、市場が開放され、民間企業の通信事業への参入が認められることになった。2000年にキャリア（通信事業者）2社がケータイ通信事業を開始し、現在は、4社がサービスを提供している。現在、C国では固定電話の利用は停滞している一方で、ケータイの利用は急成長を遂げている。ケータイ普及率の伸びは目ざましく、2001年には2%であったが、2008年の第2四半期には39%に達しており、その当時、2010年には67.5%に達すると予測されていた。ケータイ回線加入者の大半は、通話料金やデーター通信料を前払いするプリペイド方式で利用している。このしくみの場合、貧困層も容易に電話回線を取得できる。C国では、ケータイの端末は1500円程度（現地では、ほぼヤギ・ヒツジ1頭の値段に相当する）でもっとも安価な機種を入手することができ、通話料も安価なため、ケータイは貧困層も利用することができるメディアとして幅広く受け入れられ

るようになった。

3　死を招くケータイ番号

　2010年8月31日から9月2日頃にかけて、C国では、ケータイをめぐる流言が広まったことがあった。この流言は、特定の電話番号に発信すると、電波の影響で脳から出血し、死に至るので、発信しないように警告する内容のものであった。その電話番号に電話をかけると、通常黒色でディスプレイに表示されるケータイの番号が、赤色で表示されるという。言うまでもなく、まったく科学的根拠のない流言にすぎない。

　この流言は、首都で始まったが、ケータイによる通話、SMS、電子メールを通じて、驚くべき速度で当該国全土に広がり、首都から約300kmを隔てる民族集団Aの居住地でも9月1日には、流言が広まった。民族集団Aの居住地で伝えられた内容は、その番号に発信したことによる死者数の情報が追加されており、すでに首都では9人、西部では8人、民族集団Aの居住地に比較的近い地域では20人が死亡した、という内容になっていた。

　筆者が調査を実施した集落では、ごく一部の若者を除き、ほとんどの端末保有者がこの流言の内容を信じてしまった。ある老婆は、9月1日にこの流言の内容を聞いてただちに端末を、家の中の金属製の箱の中にしまいこみ、9月5日にその内容が嘘だと知らされるまで、一度も端末を利用しなかった。こうして流言が急速に拡大したことは、C国の多くの人々が流言の内容に対する批判的検討力を欠いていたことを示している。いずれにせよ、かつてない速度で流言が広がったことは、この地域では、ケータイの伝達能力が望ましくない方法で活用された場合、大きな危険性をもたらすことを示していると思われる。ケニアのキベラで調査を行ったオズボーン（Osborn 2008: 325）は、2007年末のケニア大統領選後の暴動の広がりに、SMSによる流言が大きな役割を果たしたことを報告しており、「特に、SMSメッセージやウェブログを伴ったケータイによる高速な様式のコミュニケーションの使用は、噂の流布に新しい予測できない次元をもたらした。そこでは、噂の速度と強度が大きな意味をもち、危機を形作ってきたのである」と述べている。次に扱う紛争は、そのような危険性

が、残念ながら、現実化してしまった事例である。

4 ケータイと紛争

1. 無視されてきた紛争

　東アフリカのＣ国では、2004年以降、紛争が発生した（この紛争については、すでに別稿（湖中　2012, 印刷中）で報告しており、ここでは、ごく簡単に報告するにとどめる）。この紛争は、殺人、傷害のほか、家畜の略奪、家屋や家財の焼き討ち等、多大な被害をもたらした。被害についての統計は公表されていない。筆者が行った調査を累計すると、一連の紛争による死者の総数は565人を数える（2011年9月時点）。この紛争によって発生した国内避難民（Internally Displaced Persons: IDPs）の数についてはいくつかの機関の推計があるが、ある国際機関は2006年10月時点の国内避難民総数を２万２千人と推計している。民族集団Ｂは、西隣に位置する国家北部の紛争地から、民族集団Ａは、東隣に位置する崩壊国家から、国境を越えた闇市場を通じて、それぞれアサルトライフルを中心とする小火器と弾薬を密輸しており、戦闘では、主に近代的な武器が使用された。

　紛争は2009年末頃まで続いていたが、2010年以降は、少なくともいったんは終結している。この時期までに、筆者の調査では82件の個別紛争例を記録した。この紛争は、ほとんど報道されることがなく、ある国際機関の報告でも、紛争についての情報が不足し、紛争によって発生した国内避難民が無視されてきたことが指摘されている。紛争が激化した時期には赤十字がごくわずかな緊急人道支援を実施したが、遠方に避難していたため支援物資を得ることができなかった国内避難民も多い。援助機関が避難民キャンプを設立してくれたわけではないので、民族集団Ａの国内避難民は、自主的に10ヵ所に群集集落（clustered settlement）を形成して、防衛と相互扶助の拠点とするほかなかった。

　この紛争の主な原因として、メディアや国際機関は、牧畜民の間での伝統的な家畜略奪や民族対立、旱魃によって稀少化した資源をめぐる競争等を指摘してきたが、いずれも的外れな指摘と言わざるをえない。筆者による現地調査の結果、民族集団Ｂのある国会議員が、地域の行政首長等を組織化して、地域住民を先導し、紛争を引き起こしたことが判明した。彼は、紛争に勝利すれば、

現在民族集団Ａが暮らしている土地の一部は民族集団Ｂの土地になるので、その土地を民族集団Ｂの人々に配分すると約束したという。2010年3月に開催された和平会議では、この国会議員は、「なぜ民族集団Ａの土地は民族集団Ｂの土地だと言って民族集団Ｂの人々を動員したのか」という質問に対して、「選挙の際の票が欲しかったからだ」と答えたという。この国会議員が、現在の民族集団Ａの土地を民族集団Ｂの土地にしようと呼びかけると、彼の人気が上昇したそうである。つまり、この紛争の主な原因は、民族集団Ｂの国会議員が先に述べた「アイデンティティ・ポリティックス」を行ったことにあると思われる。

2. ケータイを利用した紛争

　この紛争が始まった2004年は、ちょうどこの地域でケータイが普及し始めていた時期であった。紛争の端緒となったといわれる2004年4月の紛争が発生した場所の近くには、この地域で最初に設置された電波中継器があった。紛争の初期から紛争地がすでに圏内に入っており、当初からケータイが紛争に利用されていたことは想像に難くない。この紛争は、この地域の紛争としてはかつてない規模と速度で拡大したが、はじめてケータイが全面的に紛争に利用されたことが、その急速な拡大をもたらした大きな要因であると考えられる。この紛争では、ケータイは主に、戦闘員の動員と戦闘員間の連絡というふたつの用途で利用されている。

　第一に、ケータイは、戦闘員の動員に利用されている。ケータイを利用することによって、短期間に多くの戦闘員を動員することが可能になった。ケータイが普及する以前には、ほとんどの人々が固定電話や自家用車を持たないこの地域で、人々が戦闘員を動員するためには、徒歩か自転車か公共交通機関で自ら伝達におもむくほかなかった。動員可能な戦闘員の数は限られており、しかも動員には時間を要した。しかし、ケータイの普及により、その様相は一変した。多くの戦闘で、攻撃をする場合も、防衛をする場合も、ケータイで知り合いを辿って民族集団の居住地域の全域に援軍要請の連絡が行われ、襲撃や迎撃に際して、それ以前では考えられないほど多数の戦闘員が集結した。現在の戦闘では、小火器が用いられるため、小火器を備えた戦闘員をどれだけ多く、ど

れだけ短時間に動員することできるかが、戦闘の勝敗を決することになる。

　たとえば、2004年10月の戦闘では、民族集団Bが民族集団Aを襲撃したが、戦闘の規模が短期間のうちに著しく拡大した。この戦闘では、民族集団Aの3人、民族集団Bの19人が死亡した。当初、民族集団Bが小火器を用いて民族集団Aのウシ約200頭、ヤギ・ヒツジ約3000頭を略奪した。襲撃を受けた民族集団Aは、ケータイを用いて、周辺地域の戦闘可能な男性に戦闘員の集結を呼びかけた。その結果、周辺地域から民族集団Aの戦闘員約2000人が集結した。小火器を用いた戦闘は早朝から夕方まで続いた。そして、民族集団Aは、略奪されたウシ190頭とヤギ・ヒツジ3000頭を取り戻した。

　当初、この紛争は、民族集団Aに対する民族集団Bの一方的な襲撃により始まったが、民族集団Aも民族集団Bに反撃するようになった。2005年5月に、民族集団Aは民族集団Bに対する報復攻撃を行った。民族集団Aの人々は、ケータイを用いて、民族集団Aの居住地の各地に連絡し、報復に協力してくれる戦闘員を募った。その結果、約1000人の戦闘員が報復攻撃のために参集した。100km近く離れている地域から参集した戦闘員もいた。民族集団Aは、民族集団Bの居住地でウシ約7000頭、ヤギ・ヒツジ約2000頭を略奪したが、民族集団Bが取り戻したため、最終的に略奪できたのは、ウシ500頭、ヤギ・ヒツジ300頭である。民族集団Aの16人、民族集団Bの7人の死亡が確認されている。

　このように、攻撃が行われると報復攻撃が行われ、さらに、その報復攻撃に対しての報復攻撃が行われたため、民族集団Aと民族集団Bの間で報復の応酬がくり返されることとなり、紛争の規模は短期間のうちに著しく拡大した。こうして紛争が拡大して全面的な衝突の様相を帯び始めると、個別の紛争事例は、もはや、単なる個別の紛争事例ではなく、民族集団全体の問題として認識されるようになった。そのため、ケータイを利用して民族集団全体に戦闘への協力を要請することがつねに行われるようになり、実際に多くの当事者以外の人々が要請に応じて戦闘に参加したのである。

　第二に、ケータイは、戦闘員間の連絡に使用されている。この地域では無線機を政府関係者以外の人物が利用することはほとんどなかったため、ケータイを利用することで戦闘における連絡は、飛躍的に容易になったといえる。まず、

ケータイは、攻撃における偵察の際に利用されている。ケータイを用いることで、少数の斥候が敵員の数や武器の有無などの状況を偵察して、敵方に気づかれることなく、後続の部隊に速やかに連絡して攻撃を準備することが可能になった。また、ケータイを連絡手段として用いることで、戦術も変化している。ケータイは、部隊の少人数化を可能にした。かつては連絡手段がなかったため、大人数の部隊が一団となって行動していた。戦闘員の人数が多ければ多いほど、その足音や物音も大きくなってしまい、戦闘員が敵に察知される可能性も高くなる。これに対して、ケータイを用いて小隊が連絡しあう戦術を採れば、少人数のため足音や物音を察知することが困難となり、戦闘が成功する確率を高めることができる。ある群集集落では、細分化した小隊を、通信機の代わりにケータイによって連携させる戦術を採用している。この群集集落では、集落全体で牛群を放牧する際には、武装した放牧警備が、約20km先まで進路を偵察している。放牧警備は、青年を中心として50人の男性が担当するが、各10人の5つの小隊に分かれている。各小隊には、連絡先をあらかじめ登録したケータイがあり、もし、略奪者を発見したら、次々に後続の小隊に連絡する体制が整えられている。この戦術を採ることにより、家畜群の放牧者と群集集落住民に襲撃を通報して、早期に避難させ、被害を最小限に食い止めることが可能になった。また、部隊を少人数化することにより、大人数部隊どうしが全面的に衝突することが不可避な状況を回避できる可能性も高まったといえるだろう。このように、この紛争では、ケータイの利用が大きな役割を果たしたのである。ケータイによって戦闘員が大量かつ迅速に動員されて、報復の応酬がくり返されるようになり、戦術も高度化したといえる。

3. ケータイを利用した平和構築

この紛争は2009年末にほぼ終結した。2009年9月の虐殺事件がC国のマスメディアで大きく報じられたため、国内治安大臣が紛争を引き起こした国会議員に圧力をかけたことが終結の直接のきっかけとなった。紛争が終結してからは、C国政府と地域住民により和平会合がくり返し開催された。しかし、紛争終結後も大きな課題が残っていた。この紛争では、ケータイを用いて民族集団全体に情報が伝えられたため、小さな事件であってもそれが急速に拡大し、報

復の応酬を招いてきた。紛争がいったん終結しても、小さな事件がきっかけで、ケータイの利用によって再び紛争が拡大する危険性は残っていたのである。Ｃ国政府は、こうした危険性を十分に認識しておらず、まったく対策をとっていなかった。

　民族集団Ａと民族集団Ｂの地域住民は、2009年10月に開催された和平会合の場で、この問題を解決する方法を話しあった。そして、民族集団Ａと民族集団Ｂの地域住民どうしが、ケータイによる民族間連絡網をつくり上げることで、平和を構築するあらたな方法が考え出された。民族集団Ａと民族集団Ｂの中でケータイを持ち、地域共通語のスワヒリ語で会話できる人々を対象として、ケータイ連絡員が6人ずつ選出された。そしてこの連絡員は、それぞれ相手側の民族集団のパートナー1人とケータイの番号を交換した。それぞれのパートナーは1週間に2回ぐらいのペースで、ケータイをかけて相手民族集団方の状況を尋ね、自己の民族集団側の状況を報告し、定期的に安全情報交換を行っている。もちろん、臨時の事件があった場合には、民族集団をまたいで、パートナーとその事件について綿密な情報交換を行うことになっている。さらに、2010年4月以降、民族集団Ａと民族集団Ｂは、原則として1ヵ月に1度、定期的な月例会議を開催することになった。月例会議には、この6人のケータイ連絡員は全員出席することになっており、パートナーと直接顔を合わせるしくみがつくり上げられている。つまり、月例会議は、いわば、オフライン・ミーティングのような役割を果たしている。

　このケータイによる民族間連絡網は、小さな事件が起こった場合に、それが民族間の紛争へと拡大することを抑止することを目的として導入された。単なる個人的な犯罪の場合でも、それが全面的な紛争の再開を意図する攻撃と相手方に誤解されて、紛争を再加熱させる危険性がある。そのため、ケータイによる民族間連絡網を構築することで、防犯に関わる情報を緊密に交換して、そのような誤解による紛争の拡大を未然に抑止することを目指したのである。会議では、民族集団の所属にかかわらず、不審者に関する情報を交換することが取り決められた。そして、同じ民族集団に属する人物であっても、犯罪に関わっていると思われる不審者がいた場合には、その情報を相手方の民族集団に提供することを合意した。このしくみをつくり上げることで、家畜を略奪しようと

している人物を、その民族集団の側にいる時点で、相手側民族集団に通報し、そこでの略奪を未然に防ぐことが可能になった。また、すでに略奪した家畜を保有している人物は、自分の民族集団の側に、略奪した家畜を隠すことができなくなった。実際に、地域住民によれば、このケータイによる民族間連絡網を導入してから、家畜の略奪など、民族間での犯罪は激減したという。

　また、ケータイとローカルFMラジオ局によるラジオ放送を連携させた防犯の取り組みも始まっている。2011年の5月に、民族集団Aのローカル FMラジオ局では、聴取者から民族集団Aの各居住地域からの防犯情報をケータイで連絡してもらい、重要な情報に関しては、ラジオで放送し、民族集団の居住地全域に広報する取り組みを始めている。また、早朝、民族集団Aの各居住地の住民とケータイで通話して、防犯情報を交換する番組も放送されている。ケータイは私的なメディアであり、個別の情報交換に適しているが、幅広い対象と情報を共有するのには向かない。これと対照的に、ラジオ放送は公的なメディアであり、個別の情報交換には適さないが、幅広い対象と情報を共有することができる。こうしてケータイによる私的な情報ネットワークとローカルFMラジオによる公的な情報ネットワークを連携させることで、より広範囲を対象とした防犯ネットワークを創り上げることが可能になった。

　実際に、ケータイによる民族間連絡網が防犯に成果をあげた事例を紹介する。2011年2月には、民族集団Aの4人が民族集団Bのラクダ11頭を略奪した。事件発生後、ケータイによる民族間連絡網が活用され、盗難情報は即座に民族集団Aにも伝えられた。さらに、民族集団Aの人々は、ケータイでその情報をローカルFMラジオ局に通報した。そのラジオ放送を聞いた民族集団Aのある人物が、略奪した家畜とともにいる略奪者を見つけて、警察に通報した。略奪者はやむなく逃走し、盗まれた家畜はすべて戻ってきた。

　2011年の6月には、民族集団Bの5人が民族集団Aのヤギ・ヒツジ140頭、仔ウシ16頭を略奪する事件が起こった。事件発生後、ケータイによる民族間連絡網が活用され、民族集団Aは民族集団Bに家畜の返却を求めた。その結果、民族集団B側でも民間の人々による自主的な捜索が行われ、結果的に盗まれた家畜はすべて返却されたという。

　2011年6月には、民族集団Bの4人が民族集団Aのヤギ・ヒツジ70頭を

略奪し、民族集団Aの老人が銃で撃たれて足を負傷する事件が起こった。事件発生後、ケータイによる民族間連絡網が活用され、連絡を受けた民族集団Bと民族集団Aは協力しながら、民族集団Bの領土に略奪された家畜の捜索に行った。そして戦闘の後、ヤギ・ヒツジ70頭をすべて取り戻した。このようにケータイとローカルFMラジオによる防犯体制が次々に実績を上げたため、犯罪者は通報を怖れて犯罪に消極的になり、犯罪が減少したと考えられる。

2009年12月以降、C国の警察と軍は、紛争防止のためには、小火器を中心とする武器を没収すればよいと考え、牧畜社会を対象として、大規模な「武装解除（disarmament）」を実施した。ところが、それに際して、人権侵害が発生していることがC国の日刊紙でも報じられている。民族集団Aのある群集集落では、武装解除と称して警察や軍が、無抵抗の住民にいきなり暴力をふるい、1人が死亡、11人が重軽傷を負い、6人の少女が性的暴行を受けた。つまり、C国政府は、「武装解除」と称して住民に暴力をふるうばかりで、紛争防止に取り組んできたわけではなかった。また、当該国における携帯電話産業は発展が著しく、経済効果も大きいため、ケータイの情報による紛争の拡大などそれがもたらす諸問題については、十分に国家が検討したり統制したりしていない状態にある。このように紛争防止についても、情報の統制についても、当該国の政府が十分な取り組みを行わない状況にありながら、民族集団Aと民族集団Bの人々は、地域住民自らがケータイによる情報のフローを制御し、民族間の情報交換により紛争を未然に防止するしくみを構築するようになったのである。平和構築の研究では、「下からの平和構築」の重要性がしばしば指摘されるが（Ramsbotham et al. 2005＝2009: 250-266）、この章で紹介したケータイによる民族間連絡網は、まさに下からの平和構築の好例と言ってよい。民族集団Aと民族集団Bの人々は、ケータイやローカルFMラジオといったあらたなメディアを通じて、民族集団間に信頼をつくり出すきわめてユニークな平和構築のしくみをつくり出してきたといえるだろう。

5　おわりに

冒頭で述べたとおり、紛争とケータイはともにグローバリゼーションが生み

出したものであるが、デヴィッド・ハーヴェイ（Harvey 1990＝1999: 308）は、そのグローバリゼーションを「時間空間の圧縮（time-space compression）」という観点から理解することを試みている。本章で扱った紛争の事例の場合には、ケータイの普及によって、従来なら多くの時間を要する連絡が短時間で進行し、従来なら狭い地域の人にしか連絡できなかったのに、広い地域を対象に連絡することが可能になった。そのため、アフリカのコミュニケーションの世界で、ハーヴェイのいう「時間空間の圧縮」が起こったといえるだろう。

マーシャル・マクルーハンは、ラジオのように情報量の多い「高精細度」のメディアは「熱い（hot）」メディアであり、電話のように情報量が少ない「低精細度」のメディアは「冷たい（cool）」メディアであると位置づけている。彼は次のように述べている。

> 電話が冷たいメディア、すなわち「低精細度」のメディアの一つであるのは、耳に与えられる情報量が乏しいからだ。……したがって、熱いメディアは受容者による参与性が低く、冷たいメディアは参与性あるいは補完性が高い（McLuhan 1964＝1987: 23）。

つまり、「熱いメディア」は情報の発信側が受け手に対して一方的に情報を詳しく伝えて人々を熱狂的な行動に駆り立てるのに適しているが、「冷たいメディア」は、情報の受け手側の参与性を特徴としており、受け手が冷静に情報を検討したり批判したりするのに適している。約3ヵ月で80万人が殺されたといわれる1994年のルワンダのジェノサイド（集団抹消）では、「熱い」メディアであるラジオによる放送が一方的に情報を流し続け、人々の憎しみを煽り立て、虐殺に駆り立てたことは有名である。この意味では、ケータイは、マクルーハンの言葉で言えば、本来「冷たい」メディアであるはずであった。放送側の情報を一方的に伝えるラジオとは異なり、ケータイは参与的なコミュニケーションを特徴としている。ところが、本章で扱った東アフリカ牧畜社会における紛争の場合には、人々は、ケータイで情報を検討したり批判したりしながらコミュニケーションに参与することを忘れて、ラジオのように一方的に情報をただ伝達して、戦闘員を次々に動員してきた。つまり、この紛争の場合には、ケータ

第5節 おわりに 147

イは、「冷たい」メディアであるとは限らず、むしろ、「熱い」メディアとして用いられてしまい、人々を紛争に駆り立ててきたのである。このことは、ケータイを通じて流言が急速に拡大したことからもうかがえる。

　通常、紛争は武器という目につきやすい対象から考えられがちである。当該国政府も、平和構築に際して、武器にしか注意を払わず、名目的な「武装解除」だけが唯一採られた方法であった。しかし、紛争の拡大に効果をもっているのは武器ばかりではない。いくら武器があっても、それを使用する人間が連絡を取りあって集結しなければ、紛争は拡大しない。ケータイは、人間の情報伝達能力を飛躍的に拡大させた。ケータイによって、人々は、等身大のコミュニケーションの世界を越えて、民族集団全体の問題として紛争をイメージした。ベネディクト・アンダーソン（Anderson 1983＝1987）は、ネーション（国民）とナショナリズム（国民主義）の問題を、「想像の政治共同体」という観点から捉えたが、その意味で、この紛争では、ケータイというメディアは、民族集団全体を「想像の政治共同体」としてつくり直す役割を果たしたのである。そして、実際に、そのイメージに駆られて、戦闘員と兵器が時空間を圧縮して集結したことが、この紛争を拡大した大きな要因であることを見過ごしてはならない。確かに、ケータイは、アフリカの貧困層のコミュニケーション世界を広げる上で大きな意義を果たした。そして、明らかに、アフリカの貧困層の人々もそれを歓迎してきた。しかし、利点ばかりが強調される一方で、ケータイが、このような噂の流布や紛争の拡大を導いてきたことは十分に認識されてこなかった。今後、アフリカにおけるケータイの展開を考える際には、こうしたケータイがもたらした負の側面についても、検討を行っていく必要がある。

　しかし、その一方で、東アフリカ牧畜民の人々は、ケータイのこうした威力を徐々に統制するようになった。アフリカの地域社会では、ケータイは紛争をもたらす手段にもなりうるが、平和をもたらす手段にもなりうることを、本章で紹介した事例は教えてくれる。紛争後の平和構築手段として考え出されたケータイによる民族間連絡網は、ケータイがもつ新しい紛争抑止力の可能性を示している。こうした利用法は、まさに「冷たい」メディアであるケータイの参与性を活かしたものといえるだろう。紛争の拡大を招きかねない一方向的な情報のフローは、ケータイによる民族間連絡網によって相対化され、拡大が阻止さ

れる。怒りや誤解が暴走するのではなく、相互批判によって事件の真相が冷静に検討される。等身大のコミュニケーションは、イメージの飛躍を民族全体に拡大することなく、抑制する。ケータイによって圧縮された時空間の中で、人々は、ケータイによる民族間連絡網をつくり上げることで、むしろ、時空間をさらに圧縮することによって、他者と共存可能なコミュニケーションのあり方を見出そうとしてきた。

民族集団Aと民族集団Bの人々の居住地域では、国家や国際機関が十分な支援を行わず、紛争は長らく放置され、ある意味で絶望的な状況に置かれてきた。しかし、地域住民は、紛争が拡大する中で、紛争を拡大してきた要因のひとつであるケータイの危険性を認知して、それを反省し、武器として用いられてきたケータイを今度はむしろ平和構築の手段として捉え直してきたといえるだろう。そこには絶望的な状況の中で、地域住民が新しいテクノロジーと出会いながら、それと格闘し、工夫してつかみ取った希望の可能性が感じられる。ただ、それがアフリカの誰も顧みない地域のできごとであったからという理由で、こうした希望の可能性が顧みられないのは、残念なことである。メディアによる人間の可能性は、シリコン・バレーや世界の大都市にばかりあるのでははない。本章で紹介したアフリカの事例は、メディアと人間の可能性を考える意義深い手がかりを与えてくれることを指摘して本章を閉じたい。

（湖中　真哉）

＊謝辞：現地調査でお世話になった民族集団Aの国内避難民のみなさまには御協力いただいた。この研究は、報告者を研究代表者とする文部科学省科学研究費補助金基盤研究（B）（海外学術調査）課題番号：20401010の助成を受けて行われた。御厚意と御協力に、心より御礼申し上げる。

＊参考・引用文献

Anderson, Benedict, 1983, *Imagined Communities: Reflections on the Origin and Spread of Nationalism*, London: Verso. (＝1987, 白石隆・白石さや訳『想像の共同体—ナショナリズムの起源と流行』リブロポート.)

Harvey, David, 1990, *The Condition of Postmodernity*, Oxford: Blackwell. (＝1999, 吉原直樹監訳・青木理人訳『ポストモダニティの条件』青木書店.)

ホーキンス, V.・和栗百恵 2009『コンゴ民主共和国　無視され続ける世界最大の紛争』,（2009, 大

阪大学グローバルコラボレーションセンター），（2011年11月30日取得，http://www.glocol.osaka-u.ac.jp/research/090417sasshi.pdf）。

Kaldor, Mary, 2001, *New and Old Wars: Organized Violence in a Global Era*, Cambridge: Polity.（＝2003, 山本武彦・渡部正樹訳『新戦争論――グローバル時代の組織的暴力』岩波書店.）

湖中真哉, 2012,「劣悪な国家ガヴァナンス状況下でのフード・セキュリティとセキュリティ――東アフリカ牧畜社会の事例」松野明久・中川理編『GLOCOLブックレット　07フードセキュリティと紛争』大阪大学グローバルコラボレーションセンター, 39-52.

湖中真哉, 印刷中,「ポスト・グローバリゼーション期への人類学的射程――東アフリカ牧畜社会における紛争の事例」三尾裕子・床呂郁哉編『グローバリゼーションズの人類学（仮題）』弘文堂.

McLuhan, Marshall, 1964, *Understanding Media: The Extensions of Man*, New York: McGraw-Hill.（＝1987, 栗原裕・河本仲聖訳『メディア論――人間の拡張の様相』みすず書房.）

Osborn, Michelle, 2008, "Fuelling the Flames: Rumour and Politics in Kibera," *Journal of Eastern African Studies*, 2(2): 315-327.

Ramsbotham, Oliver, Tom Woodhouse and Hugh Miall, 2005, *Contemporary Conflict Resolution: The Prevention, Management and Transformation of Deadly Conflicts*, Cambridge: Polity.（＝2009, 宮本貴世訳『現代世界の紛争解決学――予防・介入・平和構築の理論と実践』明石書店.）

Column 8

「アラブの春」とソーシャルメディア

　2010年末以来、中東アラブ諸国で起こっている一連の政治変動は一般に「アラブの春」と呼ばれている。2011年1月にはチュニジアのベンアリ政権が崩壊、これに触発された形で2月にはエジプトのムバラク政権が崩壊した。その後もアルジェリア、リビア、イエメン、バハレーン、シリアなど中東各地で大規模な反政府デモが発生し、アラブ世界の権威主義体制の多くが動揺している。各国の置かれた状況や政治・社会的背景は異なるが、民衆が政権に対して異議申し立てをしている点、そしてその際インターネットとソーシャルメディアが大きな役割を果たした点は共通している。その重要性は一連の政変が「インターネット革命」や「フェイスブック革命」と呼ばれていることからも明らかであろう。

　国家の統制下にあった新聞、テレビ、ラジオといった従来のメディアに対し、ケータイやインターネットのようなニューメディアは2000年代になって本格的に普及した。ドバイ行政大学院が発表した「アラブ・ソーシャル・メディア報告書」によると、2011年1月から4月までの3ヵ月間でアラブ諸国全体でのフェイスブック利用者数は30％増え、2771万人にのぼった。エジプト人とチュニジア人231人を対象とした調査では、民衆運動に関する情報源としてソーシャルメディアを利用したのは、エジプト人88％、チュニジア人94％で、非政府系地元メディアや外国メディアを上回った。また8割以上が抗議活動を組織したり、普及させるためにフェイスブックを使用したと回答している。

　日本と比べ中東におけるインターネット普及率はだいぶ低いが、エジプトやチュニジアでのフェイスブック利用者率は日本より高い。これは、自宅やネットカフェ以外でも、ここ1−2年で急速に普及するようになったスマートフォンでインターネットにアクセスしている若者が多いからである。特にエジプトでは今回の抗議運動以前からフェイスブックが政治的に用いられていた。こうしたソーシャル・メディアの利用は若年層に限られるが、中東の多くの国では人口の半数以上を若年層が占めることから、政権を揺るがす大きな原動力となったのである。

　フェイスブックやツイッターを通じたデモの呼びかけや、モバイルメディアによって可能になったデモ現場からのリアルタイムな情報発信によって、明確なリーダー不在にもかかわらず多くの若者が集結した。情報統制下のテレビや新聞では報道されることのなかった政権側の汚職や不公正がインターネットを通じて可視化され発信されるようになったことや、2009年にフェイスブックがアラビア語対応になったことでアラビア語のコンテンツが充実したことも、若者の動員に一役買っている（アラビア語対応が早かったフェイスブックの方がツイッターよりも中東では普及しているが、「アラブの春」前後

コラム8　「アラブの春」とソーシャルメディア　151

でアラビア語のツイート数も爆発的に増加した。2010～2011年の1年間でツイッターで使われる言語の中でもっとも増加率が大きかったのはアラビア語であった）。彼らの共感を呼び団結させたコンテンツとは、「アラブの春」の発端となったチュニジア人青年の生活苦に対する抗議の焼身自殺の動画や、2010年6月エジプト警察の暴挙によって死亡した青年の遺体画像などである。このエジプト人青年の名にちなんでフェイスブック上に作られた青年団体「我々はみなハーリド・サイードだ」（創設者はグーグル社幹部ワーイル・グナイム）や、「4月6日青年運動」（労働者のスト支援団体）が今回の抗議運動の中核となった。

　こうしたソーシャルメディアと同様、重要な役割を果たしたのがアルジャジーラに代表される衛星放送である。現体制維持を目的とした報道がメインの国営メディアに対し、アルジャジーラやアルアラビーヤといった衛星放送は軍や政権内部の情報を丹念に取り上げ、連日24時間態勢で反政府デモの様子を報道した。その民衆目線のデモ報道は、インターネットになじみがない層の人々にも影響を与え、テレビを通して反政府的な世論づくりに貢献した。

　アラビア語のみならず、2006年に始まった英語放送の役割も見逃すことはできない。英語版アルジャジーラの記者はそれぞれがツイッター・アカウントをもち、ツイッターで速報を流した。アルジャジーラ英語版ウェブサイトへのアクセスが「アラブの春」以降爆発的に増加したこと、またアルジャジーラ英語放送がユーチューブ上のニュース・チャンネルで最多ビューを誇ることをみても、ウェブサイトの報道メディアとしての役割が大きかったことがうかがえる。

　かつての狭いコミュニティ内におけるフェイストゥーフェイスのコミュニケーションに比べ、ソーシャルメディア上での横のつながりは弱い。だが共感を呼ぶコンテンツの発信や、インターネットや衛星放送による政権側の不正の暴露、かねてからの失業や経済格差などの社会不安に対する不満といったいくつもの要因が複合的に重なりあった結果、若者が結集し、盤石と思われていた政権を揺るがし、その一部は崩壊した。政府は運動を阻止しようとフェイスブックへのアクセス制限やインターネット回線切断を試み、国営メディアはアルジャジーラに対して報道妨害を行ったにもかかわらず、「アラブの春」は国際政治史上の大事件であると同時に、ソーシャルメディアが情報の伝搬や民衆の動員に大きな役割を果たしたという意味では、インターネット史上においても記憶に残るできごとになるだろう。

（大川　真由子）

Chapter 9 カネとケータイが結ぶつながり
ケニアの難民によるモバイルマネー利用

　ケータイと貨幣という、最新と最古のメディアにはひとつの共通点がある。それらは、どこの誰とでもコミュニケーションを可能とするメディアとして多くの人々との社会関係をつくり出す可能性があると同時に、それに基づく社会関係や生活空間、そして何よりそうしたものからなるほかならぬ「私」の「かけがえのなさ」の希薄化をもたらす。交通・通信技術の飛躍的発展や、それを背景にした市場経済化の進展によって、わたし達は空間や時間的制約を超えたあらたな社会関係や生活空間を構築する可能性をもった。だが、それと同時に、わたし達は他者との関係や自身のアイデンティティに漠とした不安をもち続けなければならない時代を生きている。では、アフリカの社会にケータイや電子マネーというあらたなメディアが普及するなかで、人々の社会関係や生活空間のあり方はどのように変化しうるのだろうか？

1　人をつなぐふたつのメディア──おカネとケータイ

　ケータイの登場によって、人と人を結ぶ線はますます自由に伸縮するようになっている。それまでのコミュニケーションには、相手との距離や（移動に伴う）時間が関係していた。だが、ケータイは目の前にいる人であっても、数千km以上離れた外国にいる人であっても同じようにコミュニケートすることができる。さらには見ず知らずの人とコミュニケートすることすら可能である。つまりケータイはコミュニケーションから距離や時間の問題を取り除いたと言える。このような交通・通信技術の進歩は、それまでの物理的な近接に基づくコミュニティや社会関係のあり方に影響を与える。このような社会においては、わたし達は物理的に隣にいる人と同じ空間や時間を共有しているとは必ずしもいえない。たとえば同じテーブルを囲んでいても、ある人は食事をし、別の人はケータイで昨日見逃したドラマをみており、もう一人はケータイでネットショッピングをしているといったことがあるかもしれない。いずれにせよケータイは、

すでにわたし達が社会の一員として日常的な生活を営むために欠かせない媒体(メディア)であり、わたし達はそれを通じてコミュニケーションを重ねている。

このような現代の社会やコミュニケーションのあり方をささえてきた重要な媒体に「おカネ（＝貨幣）」がある。社会学者のジンメルによれば、貨幣とは、それ自体は無性格であるが、それゆえ他のあらゆるものやサービスとの交換可能性を有したメディアである（ジンメル　2010）。そしてわたし達は貨幣を媒介に交換する物品を通じて、自己の欲望を実現できるのだという。ケータイよりずっと以前に登場した貨幣によって、わたし達の生活は多くの人々への依存を強めることになった。そしてメディアとしての貨幣は、わたし達の他者への依存関係を増大させると同時に、依存相手との関係を人格的なつながりではなく物象的なつながりに転移させる特徴があるという（菅野　2003）。人類社会を俯瞰すれば、貨幣の素材は動物（家畜、動物の歯、皮革など）、植物（穀物、堅果、樹皮、繊維など）、鉱物（貴金属、卑金属、石、塩など）、などさまざまである。ポランニー（1998：188）によれば、貨幣は私たちに馴染み深い何とでも交換可能な「全目的」な貨幣と、特定の目的や文脈において用いられる「特定目的」の貨幣に分類することができる。そして貨幣は「特定目的」のものから「全目的」なものに変化してきたのだという。現在アフリカの人々は、わたし達と同様に国家がつくった全目的な貨幣を使用している。それと同時に、友人関係の構築、結婚あるいは紛争の調停といった場面においては、ウシやラクダなどの家畜、仮面や装飾品などを贈与・交換、すなわち特定目的の貨幣を用いることで社会関係を形成・維持することも多い。いわばアフリカの人々の生活には、古い貨幣と近代的な貨幣が併存しているのである。

冒頭で述べたように、ケータイと貨幣という最新と最古のメディアには共通点がある。それは、多くの人々との社会関係を創り出すと同時に、それに基づく社会関係や生活空間、そして何よりそうしたものからなるほかならぬ「私」の「かけがえのなさ」の希薄化をもたらす可能性がある点である。交通・通信技術の飛躍的発展や、それを背景にした市場経済化の進展によって、私たちは空間や時間的制約を超えた新たな社会関係や生活空間を構築する可能性を持った。だが、それは他者との関係や自身のアイデンティティに漠とした不安をもたらしている。では、アフリカの社会にケータイや電子マネーという新たなメ

ディアが普及するなかで、人びとの社会関係や生活空間のあり方はどのように変化するのだろうか？

　意外なことに、本章に登場するケニアのソマリア難民はケータイやスマートフォンのヘビーユーザーである。アフリカの人々にとって、ケータイはもはや「話して聞く」だけのツールではない。多くの人々がインターネットへのアクセスや電子マネーのやりとりも可能な多機能ツール、すなわちスマートフォンを使用するようになっている。本章ではアフリカでもいささか特殊な地位にいる人々——「難民」——によるケータイおよび電子マネーを活用した商取引の事例を取り上げる。難民とは、さまざまな理由から国籍国の保護を受けることができなくなったために、国籍国以外の国や組織の庇護のもとで暮らしている人々である。彼らの多くが内戦や政治的暴力の犠牲者であり、アフリカの中でももっともマージナルな地位にある。このような人々は、日々の生存レベルの課題を抱えており、ケータイといったニューメディアから縁遠い存在と思われがちである。だがケータイの急速普及は内戦を続ける国家やそこから逃れた難民の生活空間であっても例外ではない[1]。ケニアのソマリア難民たちは近年のアフリカで注目されている、電子マネーによる商取引を可能にするモバイルマネーサービスなども活用した活発な経済活動を展開している。

　次節以降は、ケニアの僻地に隔離された難民キャンプで20年間暮らしてきたソマリア難民が、貨幣とケータイという新旧ふたつの媒体のハイブリッドである電子マネーサービスを駆使してキャンプ外部の人々と社会—経済関係を構築し、困難な状況における〈よりよい生〉を実現しようとする活動を紹介する。1991年末の祖国ソマリアの崩壊により、20年間も難民キャンプというある種の隔離空間に隔離され続けた彼らこそ、メディアによる空間や時間的制約を超えた社会関係や生活世界を誰よりも必要としている。本章では難民によるユニークなメディア利用——ケータイと貨幣による他者との〈つながり〉の構築——を描く。そのことでケータイやそれを介したあらたなサービスが、アフリカのマージナルな人々によってさまざまに解釈・利用されながら、そうした人々の権利の保障や生活の向上のために寄与する可能性について考察する。

2 モバイルマネーサービスと難民

1. M-PESA—モバイルマネーサービスのフロンティア

　日本のケータイは高度にマルチメディア化し、現在ではテレビやインターネット閲覧、そして「おサイフケータイ[2]」という決済サービスなどの多様な機能が実装された「ガラケー[3]」やスマートフォンが流通している。わたし達は通勤・通学の電車内で、ケータイに付属のテレビで見たCMで興味をもった商品を、即座にインターネットで検索し、購入することができる。このようにケータイには、音声通話やメールの送受信だけでなく、インターネットにアクセスしたり、電子マネーを決済するサービスも実装されている。もはやケータイはわたし達の日常的な経済活動にも大きな影響を与える道具であることは間違いない。現在のアフリカは情報インフラとしてのケータイが「これから普及する」段階を超え、すでに「生活の一部となった」ケータイを媒介に、日本のインターネットやおサイフケータイのようなあらたなサービスが展開する段階にある。

　2007年にケニア最大手の携帯電話会社サファリコムが、アフリカ初となる画期的なモバイルマネーサービスM-PESAを開始した。MはMobile、Pesaはスワヒリ語でおカネを意味する。すなわちケータイを介した電子マネーによる送金サービスシステムである。サファリコムは、英国の携帯電話会社ボーダフォンの傘下にある。M-PESAシステム開発は当初、英国国際開発省（DFID）の主導で、マイクロファイナンスの支援を目的に行われた。しかしながら、その過程でパートナーのマイクロファイナンス機関との間に問題が生じたため、当初に予定されていたサービスは削減され、送金と決済に限定される結果となった（佐藤　2010）。

　ケニアの人口は約3800万人であるが、銀行口座数は200万に満たない。すなわち銀行サービス（送金・貯金・決済など）にアクセスできるのは人口の1割程度ということになる。このように銀行口座を持てない人が多いアジア・アフリカの途上国では、ケータイを介した送金サービスは、都市の出稼ぎ者から田舎の親族への送金手段として注目されるなど、大きな反響を呼び、多数の利用者を獲得した。ケニアにおける2011年の利用者数は約1200万人に達している。

M-PESA の導入によって、ケータイ間での電子マネーのやり取りや現金化が可能となった。具体的には、①現金の預け入れ、②送金、③引き下ろし、④サファリコムのエアタイム購入、⑤決算といったサービスが利用可能である。また 2010 年以降は、すべてのサファリコム利用者が M-PESA を利用することができるようになった。たとえば現金を送付する場合、まず送る側は、サファリコムに登録された M-PESA エージェント店で現金を電子マネーに変えてケータイにチャージする。そしてチャージされた金額を、他のサファリコムユーザーに送ることができる。送られた側は、最寄りの M-PESA エージェント店にて、その電子マネーを現金化する。こうしたサービスを利用するためには手数料が必要となる。だがそのコストは既存の送金サービス業者に比べて安価であり、たとえば 3 万 5000 ケニア・シリングまでの送金であれば、手数料はわずか 30 シリングである（2012 年現在、1 ケニア・シリングは 1 円程度）。
　このサービスはこれまで銀行サービスにアクセスできなかった人々が、おカネを安全かつ安価にやり取りする手段として、アジアやアフリカのさまざまな国家で開始されつつある。たとえばアフリカではウガンダやタンザニア、エジプトなど、アジアではアフガニスタンやインドなどである。

2. アフリカ難民問題の課題

　現在のアフリカ難民問題の課題は、「長期化する難民状態 (Protracted Refugee Situations)」への対処である。難民問題の恒久的な解決策は、自主的帰還、庇護国定住、第三国定住の 3 つとされている。しかしながら、難民発生の主要な原因のひとつである紛争はしばしば長期化するし、近年のアフリカでは庇護国は難民の受け入れに消極的である。また、第三国定住で受け入れ可能な人数は、発生している難民の数に比して非常に少ない。「長期化する難民状態」とは、こうした理由から、難民状態が 5 年以上にわたって継続する状態である。Loescher によれば、世界の難民の 3 分の 2 がこの状態にあるとされている（Loescher et al. 2009）。この問題は 1990 年代に頻発した内戦によって多くの難民が発生したサハラ以南アフリカにおける難民問題の中心的課題である。
　難民は、難民キャンプだけではなく都市や農村にも居住している。旧植民地との独立戦争を経験した 1950 〜 60 年代のアフリカ諸国においては、難民には

土地の獲得や帰化申請といった市民権獲得の可能性があった。しかし1980年代以降、難民の定住地がしばしば反政府武装勢力の拠点となり、治安が悪化するなどの影響を庇護国に与えた。このため東アフリカの国々、特にケニアは難民の受け入れに消極的になったり、キャンプに隔離する傾向を強めてきた。さらにケニアは1998年に難民キャンプの統廃合を行い、難民を国境地域の砂漠地帯の2カ所のキャンプに収容することになった（図9-1）。

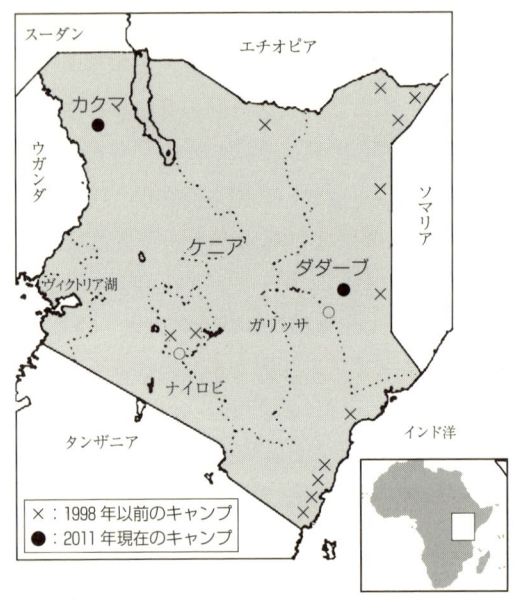

図9-1 ケニアの難民キャンプの位置

社会学者の西澤（2010）は、バーガー＝ルックマン（2003）の論考をもとに、近代国家は難民、病人、犯罪者などの何らかの理由によって生産性を失った国民を病院、学校、刑務所などの閉鎖空間における規律・訓練によって、生産性ある国民にする「治療」の機制によって社会的包摂を行う一方、「治療に値しない」と判断された人々は不可視化あるいは抹殺・追放する「隠蔽」の機制によって社会的に排除すると指摘している。すなわち近年のケニアの難民キャンプは、国を失った人々の社会的包摂を目的とした施設だが、次第に保護の名のもとでの排除の空間としての性格を強めている。

タンザニアのブルンジ難民に関する人類学的な研究を行ったマルッキ（1995）によれば、難民は国民国家体制に危険をもたらす存在である。国家とは、国境と国民をあたかも「自然の秩序」のように自明なものとして分類するシステムといえる。だが、ある国の国民であるにもかかわらず、一時的に他国に居住せざるをえない「難民」は両義的で、それゆえ「分類不能」であるがゆえに、この国民国家を前提とした分類システムの自明性をおびやかす危険なカテゴリー

であるという。「長期化する難民状態」にある人々のキャンプへの収容政策の問題点はこの点にある。マルッキが議論するように、これまでの国民国家体制の秩序のもとで、難民は法のもとで「一時的」に社会の外部に排除され、そこでの「治療」の操作によって国民として再統合されてきた。しかし近年のケニアの難民は「隠蔽」の操作によって難民キャンプという通常の国土とは異なる場所に締め出され、政治参加や移動・経済行為の自由といったシティズンシップをもたない状態に宙づりにされ続けている。

　難民に対する国際的な支援の文脈においても、難民はあくまで「一時的な状態」として認識されてきたために「緊急性の高い人道的支援」の対象であった。しかしながら「長期化する難民状態」は、難民支援を行う上での、「一時的な状態」という前提を無効化してしまう。アフリカ難民問題の解決策を探る近年の議論においては、難民自身に紛争の解決、和解、そして出身国の社会的・経済的発展に貢献できる潜在能力があることが強調されている。UNHCR（国連難民高等弁務官事務所）は、「4R」と「DLI」というふたつのあらたなアプローチを提唱している。4Rとは、難民の帰還事業にあたり、帰還（Repatriation）、再定住（Reintegration）、復興（Rehabilitation）、再建（Reconstruction）の「4R」に重点を置くことであり、DLI（Development through Local Integration）とは、難民が庇護国に定住することが現実的な選択肢である場合に、地元への定着を通じて庇護国の開発を支援することである。もっとも好ましい解決策は自主帰還であるが、母国で紛争状態が続いている場合、それは必ずしも現実的ではない。このように庇護国への定着は、第三国定住や母国への自主帰還と並んで難民問題の「恒久的解決策」のひとつである。

　それゆえ難民が受け入れ地域に溶けこむということは、庇護国における難民問題に持続的解決をもたらす重要なプロセスである。そして難民を地元に溶けこませる過程で、難民と受け入れコミュニティの住民の双方を援助への依存から脱却させ、自立性を高め、持続可能な生計を立てられるようにすることが重要である。難民と受け入れコミュニティの社会的・文化的な統合が進めば、両者が共存し、多様かつ開放的な社会が形成されることになる。その結果、両者の格差や対立も縮小し、人々の共存と紛争予防に寄与することとなると考えられている。

しかしながら、難民とそれを受け入れるホスト社会への開発援助をいかに行い、地域統合を実現していくかについて、明確な答えは出ていない（Crisp 2005）。こうした問題に解決の筋道をつけるためには、グローバリゼーションによって揺らぐ国民国家体制の秩序の中で、難民が「難民として」、そして難民を受け入れるホスト社会の人々が「難民とともに」長期にわたって生きていくという経験を、その生活の現場から理解することが必要である（Ikanda, 2004; Naito 2011）。

3. 難民とメディアの民族誌

近年では難民を対象にした民族誌的研究の蓄積も積み重ねられつつあり、生活者の視点から難民やディアスポラによる居場所の構築に向けた諸実践に焦点を当てる研究も登場しつつあるが、そこでのメディアの役割に焦点を当てたものは少ない。たとえば人類学者ホースト（2007）は、遊牧文化の伝統をもつソマリアの人々が、遊牧という空間を超えた人間関係の生成／維持に関わる文化を、国家の破綻による国境を越えた人口移動という現代的な文脈に応用しながら生活を再編する営みを活写している。その後ホースト（2011）は、毎年13～20億ドルにのぼる欧米のソマリ・ディアスポラからの国際送金が、困難な状況に生きる難民やIDSの生存に果たす役割の重要性を指摘している。ソマリアのような紛争国以外でも、バングラデュでは国外の移民労働者による送金が、援助や投資をはるかにしのぐ最大の外貨獲得源となっている（サリバン 2007）。このように国外の難民や移民労働者から本国の親族や友人へのケータイによる送金はアジア・アフリカの各地で展開されており、世界銀行もこのような「見えない対外援助」の影響力を高く評価している。

また人類学者バーナル（2005）は、エチオピアからの独立戦争による戦火を避けて世界中に離散したエリトリア・ディアスポラと本国に残る人々とによるwww.dehai.orgというウェブサイトを媒介にした〈つながり〉に焦点を当てた。このウェブサイトを介した、ディアスポラとエリトリアの人々との間のサイバースペース上のコミュニケーションや国際送金が、エリトリア独立運動をイデオロギー・財政的に支援した点を指摘していたというのである。そして情報通信技術の進展が、あらたな国家や公共圏、そしてコミュニティのかたちを創出す

る可能性について考察している。

　このようにアフリカの都市や農村部の人々と同様に、難民やディアスポラの生活世界もまた、ケータイやインターネットによるサイバースペースを介した外部との〈つながり〉のなかで再編されていることが報告されている。以下では、ケニアのダダーブ難民キャンプにおいて、難民やホスト社会の人々がメディアを介していかなる社会—経済的関係を構築してきたか検討する。

3　「檻のない牢獄」を超えて——ケニア・ダダーブ難民キャンプ

　「アフリカの優等生」と呼ばれるような比較的安定した治安と経済発展を誇るケニアは、アフリカの10ヵ国以上から難民を受け入れている。本章の舞台となるダダーブ難民キャンプの周辺は、もともとは牧畜を生業とするケニア・ソマリが暮らす、国境部に広がる低開発の乾燥地域だった。ところが、1991年末のソマリア国家の破綻と天候不順が生み出した多くのソマリア難民を受け入れるために、この地域のダダーブ町周辺のダガハレイ・イフォ・ハガデラに3ヵ所の難民キャンプが設立された。この3つの難民キャンプを合わせてダダーブ難民キャンプと呼ばれている。そして2011年現在までの約20年間にわたり、この状況が継続している。2010年の統計によれば、ダダーブ難民キャンプは11ヵ国から約30万人の難民を収容しているが、その95%はソマリ難民である（UNHCR Sub-Office Dadaab）。これは、1999年のケニア第三の都市キスム市の人口に匹敵するものである。さらに2011年には旱魃および戦争によって、多くの難民が押し寄せており、その総人口は50万人に到達する勢いである。

　難民キャンプは、国際機関による食料配給、医療・福祉、教育サービス等の支援に関連して、ケニアの地方都市の水準をはるかに超える公的設備を備えている。カクマ難民キャンプを調査した栗本（2005）が報告するように、難民キャンプはトランスナショナルな人やモノ情報がうずまく巨大な都市空間としての性格をもつ。そこでの難民のくらしは、国際条約だけでなく、庇護国・ケニアの法によっても規定される。たとえば2006年に制定されたケニア難民法における難民の地位と権利に関する条項によれば、難民がキャンプ以外の場所に居住したり、移動することは法的に制限されている（Republic of Kenya, 2006）。ま

たケニアの難民は、参政権・被参政権、自由な経済活動を行うことも認められていない。

各難民キャンプは、UNHCRなどのオフィスが集中するダダーブ町を中心に、10-15kmの範囲に設置されている。キャンプ間には乗り合いタクシーとバスが頻繁に走っており、難民もそれを利用して自由に移動することが可能である。また、ダダーブ～ソマリア間の移動も事実上黙認されており、毎日バスやトラックが往復している[4]。だが、ケニア国内の他地域への移動は厳しく制限されており、難民は重篤な病気や怪我の治療や高等教育機関への就学といった限られた理由がない限り、移動の許可を得ることはできない。特にナイロビに至るメインロードにはケニア警察の検問所が頻繁に設置されており、違法に移動する難民がいないか厳しくチェックされる。そこで発見・拘束された難民は、トラックで難民キャンプに「強制送還」される。

このような状況で20年間暮らしてきた難民の多くは、難民キャンプのことを「檻のない監獄」と語る。たとえば50歳代のソマリ系エチオピア人のA氏は、1980年代にエチオピア政府によるソマリ族に対する虐殺を逃れ、難民としてソマリアに庇護され、そこで結婚もした。だが、1991年のソマリアの破綻により、さらにケニアに逃れて来たという経歴をもつ。A氏はダダーブ難民キャンプのソマリ系エチオピア人の代表を務め、キャンプの運営に関わるNGOとも強い関係をもっている。私がA氏のライフヒストリーのインタビューをしていた際、彼は自身の半生について語った後で次のように言った。「私はさまざまな商売や難民自治活動をしてきた。だがそれも、この20年間、自分が住むブロック、NGOのオフィス、市場の間を移動しているにすぎない。この三つの距離を全部足したって600メートルくらいだろう」。「このキャンプに檻はない。でもわたし達はここから出ることはできないんだ。だからわたし達は檻のない牢獄と呼ぶのさ」。確かに難民キャンプの周囲には柵などの物理的な境界は存在しない。しかしながら、そこにはケニア政府の法という見えない柵が厳然と存在し続けている。

ダダーブ難民キャンプは、現代社会において増加しつつあるという、歴史性やアイデンティティが剥奪された「非―場所（Auge 2003）」、つまり国際空港のトランジット・ラウンジのように、同じ空間に多くの人々が存在しながらも〈出

会う〉ことがない、グローバルで脱領土化された隔離空間である。

1. 難民の食生活とメディア

　このようなグローバルな隔離空間に20年間暮らし続けてきた難民はどのような生活を営んでいるのだろうか。ここでは、ハガデラ・キャンプに居住する、3世帯11人のメンバーからなる家族Aの事例をもとに、難民の食と金をめぐるネットワークについて検討する。家族Aは、私のインフォーマントのZ青年の家族である。彼の居住区を訪ねてみると、意外なほど掃き清められた中庭を中心に母屋、台所小屋と昼間の小屋が囲む屋敷で、彼の家族が迎えてくれた。同じく居住区の中に、Z青年の叔母夫妻とZ青年夫妻の屋敷が隣接している。

　表9-1は、国連世界食糧計画（WFP）によって提供された食料の種類と量を示している。ダダーブ難民キャンプの難民は、難民申請の際に顔写真、指紋、経歴などをコンピューターに登録され、その後家族ごとに食料配給カードを支給される。食料の不正受給防止のため、2週間に1度の食料配給日には、配給所の係員にこのカードを見せ、印刷されているバーコードをスキャンすることで本人確認を行う必要がある。自由な移動や経済活動を制限されているがケニアの難民は援助食だけで十分生存可能なように管理されている。

　しかしながら多くの人々が、何らかの現金獲得手段をもっている。表9-2は

表9-1　家族Aに配給される食糧

小麦粉	トウモロコシ	豆	お粥	油	塩
69.3kg	69.3kg	19.8kg	14.85kg	9.9kg	1.65kg

表9-2　家族Aの現金収入

夫 NGOへの雇用*	妻 雑貨店経営*	その他 配給食の売却	合計
5,000	6,500	NA	11,500+α

(ksh)

表9-3　家族Aの支出

主食	野菜	ミルク	肉	調味料・嗜好品	ケータイ通話料	薪	合計
4,255	1,498	430	1,140	5,190	1,450	1,200	15,163(ksh)
28.1	9.9	2.8	7.5	34.2	9.6	7.9	100(%)

写真 9-1 難民が使用しているケータイ（NOKIA の偽物）

2010 年 9 月の家族 A の収入を示している。夫は国際 NGO に「雇用」[5] されており、毎月 5000 シリングの現金収入がある。また妻は市場で雑貨店を営み、6500 シリングの利益を得ていた[6]。そのほかに、必要があれば配給された食糧を売って現金を得ることも一般的に行われている。家族 A は 1 ヵ月に 1 万シリングを超える現金収入があり、配給食を転売する必要もなかった。こうした家族はキャンプでは恵まれた層である。また興味深いのは、支出の約 10％がケータイの通話代であるという点である（表 9-3）。難民の多くは 2000〜6000 ケニアシリング程度のケータイを所有しているが、そのほとんどが中国あるいはインド製の見たこともないメーカーによる有名メーカーの偽物である（写真 9-1）。それは後で述べるように商売を行う上では欠かせない道具である。それ以外の支出のほとんどが、食費に費やされている。生存には十分な配給食料があるにもかかわらず、なぜ難民は現金収入

表 9-4 家族 A の食生活

	朝食	昼食	夕食
9/7	**インジェラ**注1、**粥**、（ミルクティ）	**粥**、（ミルクティ）	（肉スープ、米、ミルクティ）
9/8	**インジェラ**、**粥**、（ミルクティ）	**粥**、（ミルクティ）	
9/9	**インジェラ**、**粥**、（ミルクティ）	**粥**、（ミルクティ）	**ギゼリ**注2、（ミルクティ）
9/10	**インジェラ**、**粥**、（ミルクティ）	（パスタ、肉シチュー、ミルクティ）	（ミルクティ）
9/11	**インジェラ**、**粥**、（ミルクティ）	（ミルクティ）	**チャパティ**、（肉スープ、ミルクティ）
9/12	**インジェラ**、**粥**	**粥**、（ミルクティ）	**ギゼリ**、（ミルクティ）
9/13	**インジェラ**、**粥**、（ミルクティ）	**粥**、（ミルクティ）	**ギゼリ**、（ミルクティ）

注 1）括弧内は配給だけでは調理不可能な食材を含む
注 1）水に溶かした穀物粉を発酵させた後、クレープ状に焼いたパン
注 2）トウモロコシと豆類をゆでて味付けしたもの

の多くを食費に費やすのだろうか。

　それは難民が実際に何を食べているのかを調べることで明らかになった。表9-4は2010年9月の1週間に家族Aが消費した食品を示している。太字は、調理するために配給食以外の食材が必要な食品である。すなわち難民が消費している食品の多くが、配給されない食材からなっていることがわかる。たとえば、もともと牧畜文化の伝統をもつソマリ族の食生活に、ミルクティーは欠かせない。だがミルクティーの材料であるミルク・砂糖・茶葉は配給されない。またラマダン（イスラム教の断食月）明けのイードデーには野菜類、ラクダ肉、パスタや香辛料などの豊富な食材を用いたおいしそうな料理が準備されていた。ダダーブの難民は、どのようにそれらの食材を入手しているのだろうか。

表9-5　ハガデラ市場に存在する店舗

業種	件数
雑貨店	69
服飾店	56
倉庫	31
携帯ショップ	7
工具店	5
食堂	4
薬局	4
八百屋	3
肉屋	2
床屋	2
その他*	10
合計	193

（*ネットカフェ、マットレス屋、大工、氷屋、本屋、卸売店、靴屋、ジューススタンド、発電屋、hawala）

　難民キャンプには30万人近くの消費者を支える巨大なマーケットが設置されている。表9-5はハガデラ・マーケットのメインストリートに出店している店舗の業種と件数を示している。雑貨店を中心として、服飾店、ケータイ店、八百屋や肉屋なども存在する（写真9-2）。それ以外に、ネットカフェや、後で述べる送金サービス業者も存在する。これらの商店のほとんどが難民によって経営されている。

　毎日消費されるミルクティーの材料である砂糖とお茶の葉は、主に雑貨店で、ミルクは路上のミルク売りから入手していた。このような難民の食を支えるキャンプの市場には食材があふれ、活気に満ちていた。だが降水量が少ないダダーブでは野菜を生産することはできない。また、パスタや香辛料

写真9-2　難民キャンプの市場にある携帯電話店

第3節　「檻のない牢獄」を超えて　165

の一部はケニア製ではないようだ。市場に並ぶあふれんばかりの品物はどこから来ているのだろうか。

　難民の商人たちはケータイを活用した商品の委託販売システムを創出することで、見えない柵の向こうから商品を入手していた。難民キャンプで販売されている野菜や工業製品などの仕入れ先は、キャンプから100kmほど離れたガリッサ市に居住するケニア人商人である。またミルクは、難民キャンプから30kmほど離れた場所に位置する定住化した牧畜民の町から仕入れている。時にはソマリアから夜間に密輸入される物品を仕入れる場合もある。また雑貨店は安定した現金収入源をもたない難民から配給食を買い取り、それをケニア国内に転売している。そこではまずケータイを通じて難民がケニア人商人に商品を発注する。それを受けて商人がダダーブ行きのバスで品物を送る。そして難民は仕入れた商品が売れた段階ではじめて、ケニア人商人に代金を支払う。

　こうした支払いに用いられる送金手段として、ソマリは hawala と呼ばれるグローバルな送金サービス網を使用してきた (Little 2002)。これはソマリアの国家破綻以降に人々がつくり上げたもっとも重要な発明として評価されている (Lindley 2009)。hawala の支店は全世界に存在し、電話のネットワークによってつながっており、ケニアの難民でも、ヨーロッパのディアスポラからの送金を翌日に受け取ることが可能である。ダダーブの各キャンプには、ケータイの登場以前から衛星電話を駆使した hawala の支店が複数存在し、国際・国内送金に利用されてきた。だが2007年以降は、hawala とともにあらたな送金手段 M-PESA も活用されている。なぜなら難民が商行為を行うためには、「柵」を超えて送金を可能とするサービスが不可欠だからである。では、衛星電話やケータイが媒介するネットワークは、難民キャンプという隔離空間を超えてどこまで広がっているのだろうか。

　図9-2は家族Aの雑貨店を経営している女性のケータイの「お友達リスト」をもとに作成したものであり、ケータイに登録されている彼女の親族や友達の居住地を示している。注目すべきは、居住地であるハガデラ・キャンプや他のキャンプ以外の、ガリッサ市やナイロビ市といったケニアの都市、さらにはソマリアや他の外国に居住している者も登録されている点である。ガリッサ市やナイロビ市の友人の多くは、彼女の仕入れ相手である。またソマリアには多く

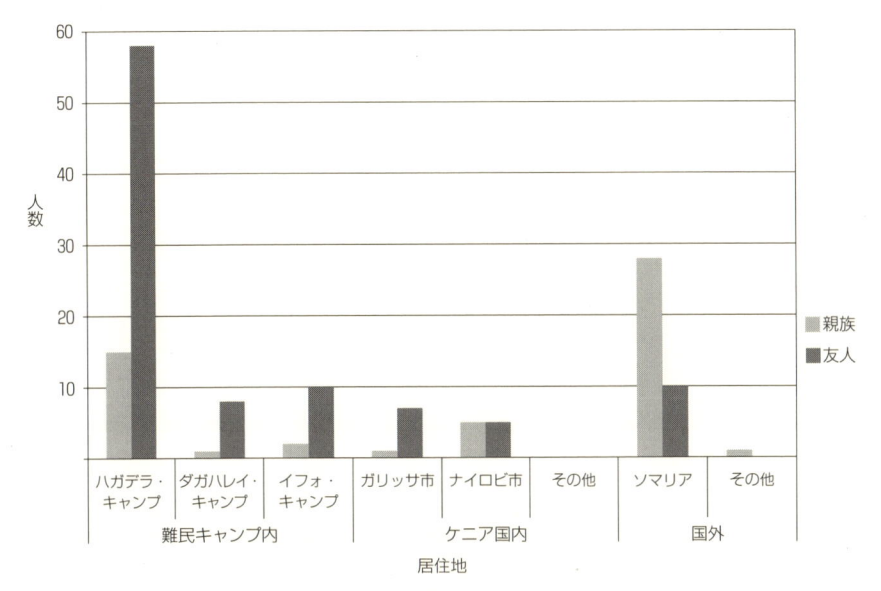

図9-2　携帯電話に登録された人の居住地

の親族や友人が残っていることがわかる。また、彼女の場合は1事例だが、アメリカなど第3国に定住した親族も登録されている。このようにグローバルな隔離空間に幽閉された人々の世界は、貨幣を介した活発な経済活動と衛星電話やケータイを活用した hawala や M-PESA という送金サービスを媒介に、見えない柵を超えて広がっているのである。

4　メデイアを介した居場所づくり

　本章では難民キャンプという隔離空間で暮らす難民が、貨幣とケータイというふたつのメディアを駆使して生活世界を拡大し、非—場所を自分たちの居場所にするありようについて検討してきた。国際機関による難民庇護は難民の生存に必要な支援を行う一方で、彼らを「一時的な状態」にとどめおく。またケニア政府は、難民に土地や治安維持を中心とした行政サービスを提供する一方、シティズンシップを認めることはせず、法によって難民をキャンプという隔離空間に隔離してきた。そして、難民の生は国際機関とケニア国家によって管理

されてきた。これらによって難民キャンプは「檻のない監獄」と語られるような閉塞感を伴う空間として、難民に経験されている。

だが難民は、衛星電話やケータイを用いて先進国に居住するディアスポラからの国際送金などの支援を要請していた。さらに難民キャンプを運営する国際機関やNGOによる雇用が生み出す現金収入や食糧配給などのグローバルな資源は、1991年末のソマリアの破綻以降の20年間に醸成されたケニアの大小の都市民たちやソマリアに残る人々との信託取引を通じてケニアやソマリアの地域社会に還流している。それは世界やケニアから隔離されているはずの難民キャンプを中心に独自の経済圏を創出されつつあるのではと思わせるほどである。

社会学者のガンパート（1990）は、テレビなどのポピュラーメディアがコミュニケーションから空間的な制約を取り除いた点に注目した。そして都市に住む多くの人々が、「同じ場所にいる」ことを前提としない「地図にないコミュニティ」に所属していることを明らかにした。だが、こうしたコミュニティはあくまでも間接的な接触による人間関係によってつながっているにすぎない。また、M-PESAが提供する電子マネーという貨幣は、人々をつなげる一方で、そのつながりを物象的なもの（お金に還元できるもの）に変質させる性質がある。難民はケータイと貨幣というふたつのメディアを用いて、難民キャンプという隔離空間を越えたネットワークを構築していた。だが、そのつながりは間接的なものだけでも物象的なものだけでもなかった。難民達は20年に及ぶキャンプでの生活の中で少しずつ、ケニア人商人やキャンプ周辺の牧畜民そしてソマリア人密輸商などとの間に、それまでの親族や民族の紐帯、あるいは国家の枠組みを超える個別具体的な関係を創出し、あらたな生の場を共同的に構築していたのである。

「長期化する難民状態」とは、難民だけでなくホスト社会の人々、ケニア国家、国際社会の視点から見ても、「非日常的な状況」がいつまで存続するかの見通しが立たない状況であるといえる。しかしながらダダーブ難民キャンプに生きる難民とケニアの人々の双方は、20年もの長期にわたる他者との相互交渉の過程で、貨幣とケータイを媒介に商品の委託販売関係などの「ともに生きること」を可能にする方途を練り上げてきた。それは貨幣という何にでも交換可能なメディアがつくり出す他者との相互依存関係を基盤にしている。そしてケー

タイやモバイルマネーサービスは、そうした相互依存関係を形成する上での空間的な制約を大幅に緩和した。ただ、そうしたメディアによってつながっているからといって難民が生きる場がサイバースペースのなかに無制限に広がるわけではない。この空間は難民にとっては自分たちの食文化であるミルクティーを飲むことといった、ごく些細ではあるが血肉をもった人間としての生活上の欲求を満たそうとするなかで創出された。逆にホスト社会の人々にとっては、自分たちの意思とは関係なく、ある日やって来た大量の外国人と同じ地域に暮らさなければならないという状況の中で創出されたものである。すなわち難民とホスト社会双方のあらたな居場所としてのダダーブは、サイバースペースとリアルな空間が交錯する生きられた空間なのである。だが、難民がキャンプ周辺の人々との共生が可能な「居場所」をつくり出したとはいえ、それが「故郷」ソマリアの秩序が回復するまでの「仮の空間」であるという位置づけに変わりはない。

　それでもなおこの事例は、アフリカの難民という、これまで庇護を待つだけの受動的な存在として捉えられがちだった人々が、新旧のメディアを含むさまざまな方途を活用して、「非—場所」を自分たちの居場所にするべく働きかける可能性があることを教えてくれる。そして途上国で急速に普及するケータイやそれを介したサービスには、難民のように「無能力」とされてきたさまざまなかたちの抑圧された人々が、葛藤や困難の中ではあるが社会の変革を行う機会を提供する可能性があることを教えてくれる。本章におけるケニアの難民キャンプの事例では、日本でも2004年に開始された「おサイフサービス」と同様のM-PESAというモバイルマネーサービスが、思いもつかないようなユニークな役割を果たしていた。このように先進国でも途上国でもすでに「生活の一部」となったケータイを媒介に、さまざまなサービスが提供され始めている。現代のメディアの特徴のひとつとして、もっともマージナルな場所に最新のテクノロジーが投入されるという点がある。だが、それをどのように用いて何を行うのかは、ユーザーに委ねられている。昨今のモバイルメディアの世界的な展開の中で、遠いアフリカの難民のメディア利用に、オルタナティブなメディア利用の可能性を見出すこともできるだろう。

（内藤　直樹）

*注

(1) 国家が破綻しているソマリアや2011年の独立宣言以前の南スーダンにおいても携帯電話会社は数社存在し、サービスを提供していた。
(2) NTTドコモが2004年に開始した、ケータイを用いた決済サービス。ケータイにチャージした電子マネーを用いて商品を購入することができる。
(3) ガラパゴスケータイの略。独自の規格や機能が数多く実装されているため、日本でしか十分な機能を発揮することができない日本製のケータイのこと。外界と隔絶されていたために独自の進化を遂げたガラパゴス諸島の生物になぞらえ、便利だが国際的な競争力をもたない日本製のケータイを揶揄する言葉。
(4) 2011年11月現在、ケニア軍が反政府武装勢力アル・シャバブが実行支配するソマリア南部に侵攻中であり、ソマリア―ケニア国境は封鎖されている。このため、ソマリア―ダダーブ間の移動も行われていない。
(5) ケニア政府は難民の雇用を事実上禁止している。そこで難民を「雇用」している多くのNGOは苦肉の策として、「労働に対する対価」である給与ではなく、「ボランティア」に対する報奨金という形で現金を支給している。
(6) ケニア政府は難民による経済活動を事実上禁止している。にもかかわらず、難民キャンプには巨大なマーケットが存在する。これは「違法」行為であるが、キャンプを管理するUNHCRやケニア警察は黙認している。

*参考・引用文献

Auge, Marc, 1992, *Non-lieux : introduction à une anthropologie de la surm odernité*, Paris: Seuil. (＝1995, John Howe, trans., *Non-places: introduction to an anthropology of supermodernity*. London: Verso.)

Berger, Peter L. and Thomas Luckman, 1967, *The Social Construction of Reality: A Treatise in Sociology of Knowledge,* Norwell: Anchor (＝2003, 山口節郎訳『現実の社会的構成――知識社会学論考 新版』新曜社.)

Bernal, Victoria, 2005, "Eritrea on-line: Diaspora, cyberspace, and the public sphere," *American Ethnologist* 32(4): 660-675.

Crisp, J., 2005, "No Solutions in Sight: The Problem of Protracted Refugee Situations in Africa," I. Ohta & Y. Gebre eds., *Displacement Risks in Africa*, Kyoto: Kyoto University Press, 17-52.

Gum Pert, Gary, 1987, *Talking Tombstones and Other Tales of the Mediaago*, Oxford University Press (＝1990, 石丸正訳『メディアの時代』新潮社)

Horst, Cindy, 2008, *Transnational Nomads: How Somalis Cope with Refugee Life in the Dadaab Camps of Kenya*. Oxford: Berghahn Books.

Ikanda, Fred N., 2008, "Deteriorating Conditions of Hosting Refugees: a Case Study of the Dadaab Complex in Kenya," *African Study Monographs* 29(1): 29-49.

栗本英世, 2002,「難民キャンプという場――カクマ・キャンプ調査報告」『アフリカレポート』35: 34-38.

Lindley, Anna. 2009, "Between 'Dirty Money' And 'Development Capital': Somali Money Transfer Infrastructure Under Global Scrutiny", *African Affairs*, 108/433, 519-539.

Loescher, Gill, James Milner. Edward Newman, and Gary Troeller, eds., *Protracted Refugee Situations: Political, Human Rights and Security Implications*. Tokyo: United Nations University Press.

Malkki, Liisa H. 1995, *Purity and Exile: Violence, Memory, and National Cosmology Among Hutu Refugees in Tanzania*, New York: University of Chicago Press.

Naito, Naoki, 2011, "Joint Endeavors by Refugees and Hosts: The Socioeconomic Relationships between Somali Protracted Refugees and Host Communities in Kenya," Motoi Suzuki & Naoki Naito eds., *Proceedings of international Symposium "Constructing Ordinary Life: Lessons from Peace Building Practices in Africa"*, National Museum of Ethnology, 1-2.

西澤晃彦, 2010, 『貧者の領域——誰が排除されているのか』河出書房新社.

Ohta, Itaru, 2005, "Coexisting with Cultural 'Others': Social Relationships between the Turkana and the reugees at Kakuma, Northwest Kenya," K. Ikeya and E. Fratkin, eds., *Pastoralists and Their Neighbors in Asia and Africa. Senri Ethnological Studies*, 69. National Museum of Ethnology.

Polanyi, Karl, 1977, *The Livelihood of Man*, New York, San Francisco, and London: Academic Press. (＝1998, 玉野井芳郎, 栗本慎一郎訳『人間の経済1　市場社会の虚構性特装版』岩波書店.)

Republic of Kenya, 2006, *Kenya Refugee Act*.

佐藤寛, 2010, 『アフリカBOPビジネス——市場の実態を見る』日本貿易振興機構.

ジンメル, ゲオルク 1999, 北川東子・鈴木直訳『ジンメル・コレクション』筑摩書房.

菅野仁, 2003, 『ジンメル・つながりの哲学』NHK出版.

UNHCR Sub-Office Dadaab, 2010, *Monthly report*.

Column 9

ホストと調和して生きる——アフリカの自主的定着難民によるケータイ利用

　アフリカは難民が多く住む、難民大陸である。1990年代、1755万人とピークを迎えた世界の難民人口は、2010年末現在995万人にまで減少したが、アフリカにはその2割にあたる、約215万人もの難民が暮らしている。アフリカ難民といえば、難民キャンプに住む、経済的に困窮し生計の糧を援助に依存する「かわいそうな」イメージを思い浮かべる人が多いだろう。ところが、これまで国際社会で取り上げられてきたアフリカの難民問題をみてみると、実は「かわいそう」な難民のイメージとは異なる内容が指摘されている。

　国際社会で取り上げられるアフリカ難民問題は、時代ごとに変化してきた。1960～70年代、植民地支配を受けていたアフリカ諸国の中には、独立解放闘争を開始する国が出現し、多くの難民が発生した。その他の、早くに独立を果たしたアフリカ国家は、難民認定時の国際的基準である「難民条約」や、アフリカ地域の多発する紛争から逃れた人々を難民として庇護するよう規約が勘案された「OAU条約」に調印するなど、難民管理体制を整備した。以後庇護国では門戸開放政策が実施され、難民数が増加した。1980年代以降は、独立後に勃発した内戦に冷戦構造が強く反映され、戦況は泥沼化したため、難民も増加の一途を辿った。同時期の難民問題は、難民の経済活動がホストの諸活動と競合的関係になること、難民が武器の密輸や武装勢力を組織するなどの問題が注目を集めるようになった。そして現在、アフリカで焦眉の問題となっているのは、長期化した紛争により、冷戦構造瓦解後も難民が隣国の庇護国で長期滞留している問題である。彼らの存在は、先述の問題を引き起こしているほか、緊急人道支援を行ってきた国際機関や庇護国等に莫大な経済的負担をかけているため、解決が急がれている。

　しかし、紛争から逃れてきた者すべてが難民認定を受け、庇護国に社会経済的悪影響を与え続ける「迷惑な難民」になるかといえば、実際はそうではない。たとえば、紛争を逃れ庇護国の農村で生活している人々は、庇護国社会に社会経済的に同化し、一切の人道支援を必要とせず自立的に生計を営むため、難民の庇護国への定着（第9章参照）など難民の恒久的解決手段に応用しうる具体的成功例とされている。彼らは難民認定の有無にかかわらず、自主的定着難民（Self-settled refugee）と分類されており、難民キャンプに暮らす難民人口の4-7倍存在するともいわれる。自主的定着難民には、国民にあたる身分を取得している者がいるが、そもそもアフリカでは、国家の統制する諸制度が行き届きにくいこともあり、彼ら自主的定着難民が、ホストである国民とほぼ同様の社会経済的活動に従事することが可能となる。ただし彼らの多くは、庇護国の中でも辺境の農村に住んでおり、就労機会が非常に限られる。そんな自主的定着

難民の日常生活にも、今、地域経済の活性化とともに、ケータイが広まりつつある。ここでザンビア西部州にあるアンゴラから来た自主的定着難民が住むリコロ村を例に、ケータイが農村に住む難民の経済活動に果たす役割をみてみたい。

　リコロ村は、ザンビア西部州社会でホストである民族集団の村に近接しており、日常的にホストと交流がある。ここで自主的定着難民は、人道的支援を一切享受しておらず、自立的に自給自足を達成している。そうした彼らの生計は、ホストとは異なり、焼畑農耕による独自の生計手段を確立している。リコロ村付近では、これまでのところ、自主的定着難民とホストとが森林資源や経済活動をめぐり競合的関係になっていない。

　リコロ村では2009年、南アフリカ資本の携帯電話会社MTNによるアンテナ増設に伴い、村の一部のエリアで通話することが可能となった。2011年8月現在、ケータイを持つのは村人口の5％と非常に少数である。ケータイを持つ村人は、大半が村外で現金を稼ぐ若者である。

　リコロ村から10kmほどの距離には、村付近で最大規模のマーケットがあり、リコロ村の若者たちが、働いている。若者たちは、ケータイを欠かさず持っている。彼らは、マーケットで自分の店を構えているのではなく、店のオーナーに雇われている小売商である。こうした若者たちは、ケータイが普及する前、リコロ村付近の親族に頼んで小売商として雇われていた。当時、小売商になれるのは、オーナーと親族・姻戚関係がある者のみに限られることが多く、民族集団の異なるホストと自主的定着難民がともに店を運営管理することは少なかった。しかし今日、マーケットの拡大に伴い店舗数も増え、店のオーナーが増加した。そうして若者らは、人手不足のオーナーを簡単に探し出すことが可能となり、直接オーナーに頼むことで小売商として働くようになった。雇用が決まると、彼らはオーナーや他の小売商とケータイで連絡しあい、店番の交代時間や商品、売上金を管理運営する体制をとっている。それはもはや、ホストや自主的定着難民それぞれが独自の経済活動のための社会ネットワークをもつのではなく、店をともに管理運営する体制である。

　リコロ村の自主的定着難民らの、ケータイの普及はもちろん始まったばかりである。しかし、そのあらたな展開は、ケータイが、ザンビア社会で変化していく経済状況のなかで、自主的定着難民とホストとの競合を未然に防止し調和をはかっていくという、自律的な社会経済的調整機能を果たす可能性を示すものではないだろうか。

（村尾　るみこ）

Chapter 10 ケータイが切りひらく狩猟採集社会のあらたな展開

ボツワナにおける遠隔地へのケータイ普及がもたらしたもの

　+267で始まる番号から、最近、ときどき着信がある。かけ直すと、「ジュンコ？」と、そっとうかがうような声が聞こえる。「そうよ」と答えたとたん、歓声があがった。聞き慣れたオーマの声だ。私が長年調査に通っているボツワナのカラハリ砂漠で、いつもお世話になる家のお母さんだ。つづいて電話口には、家族達が次々と登場し、誰かがケンカしたとか、病気だとか、雨季が始まって木の実がたくさん採れたとか、最近のニュースの断片を伝えてくれる。遠く離れた日本にいるのに、こうしてケータイを耳に当てているだけで、彼女達がいつものようににぎやかにおしゃべりしている様子が目に見えるようだ。そして突如「お金がなくなるよ！」という声とともに、短い電話は切れる。

1　カラハリ砂漠でもケータイ

　カラハリ砂漠に暮らす人々は「サン（San）」や「ブッシュマン（Bushman）」の名で知られ、長年にわたって遊動的な狩猟採集生活を続けてきた。男性達は原野で機敏に野生動物を射止め、女性達は野生の豆やスイカをたっぷりと採集する。狩に成功した男性は、獲物を捕らえたことを自ら口にすることも、その腕前を自慢することもなく、控えめにふるまう。一方、女性達は、男性達が狩りに成功しようが失敗しようが、まるでそんなことは気にしていないとでもいうように、十分な食事を用意して彼らを迎える。そうやって、カラハリの自然に向きあい、助けあいながら暮らしてきた人々だ。

　そんなサンの人々が、ケータイを手にするようになったのは、きわめて最近のことだ。とりわけ、わたしが調査を続けてきた地域は、都市部から遠く離れた「遠隔地」にあたり、ケータイの電波が届くようになったのは2011年になってからのことだった。ボツワナ政府が2009年に始めたNteletsa—「電話してね」という名のプロジェクトによって、ケータイ電話網が全国に拡大された結果であった。

21世紀に入ってアフリカ各地で爆発的に普及しつつあるケータイには、ボツワナでも、多くの期待が寄せられている。固定電話と比較すれば、インフラ整備が格段に容易で安価なケータイは、長年続いた電気通信へのアクセスの不均等を是正するものとして歓迎された。ケータイの登場によって、ようやく電話が「ユニバーサルサービス」、すなわち国民生活にとって必要不可欠で、誰もが利用可能な適切な条件で広く安定的に確保されるべきものとして提供される見通しが立つようになってきたのである。その実現のために、政府はNtelet-saプロジェクトに予算を割き、商業採算のとれない地域をもケータイ電話網でカバーすることに力を入れた。そしてこのプロジェクトによって、サンのように遠隔地に住む人々も、ケータイを使ってさまざまな情報にアクセスできるようになれば、あらたなビジネスのチャンスを獲得して「貧困状況」から抜け出すことができると、希望をもって語られるようになった（Mutula et al. 2010）。
　本章では、このようなボツワナにおける遠隔地へのケータイ普及のプロセスを明らかにした上で、導入されたばかりのケータイをサンがどのように受け入れ、利用しているのかを検討する。そして、ケータイ普及が切りひらく狩猟採集社会のあらたな展開を展望したい。

2　遠隔地にケータイが届くまで

1. ボツワナにおける電話の歴史

　南部アフリカに暮らすサンは約10万人、その半数が居住する国がボツワナである。ボツワナでは、バントゥ系の農牧民ツワナが主流派を構成し、国民の3%を占めるにすぎないサンは、長いあいだ国内でもっとも周辺化された立場におかれてきた。本節ではまず、そのようなサンがケータイを手にするようになるまでに、ボツワナの電気通信史がたどった歩みを明らかにしたい。
　ボツワナの電気通信史は、初のテレグラムが開通した1890年に始まる。当時、ベチュアナランドと呼ばれるイギリス保護領であったこの国は資源のない内陸国で、イギリスは、その開発やインフラ整備にはほとんど関心を注がなかった。しかし、同じイギリス領の主要植民地であった南アフリカ連邦と南ローデシアをつなぐ必要性から、その間に位置するベチュアナランドにも、電信と電話線

が設けられたのである。当初、南アフリカと南ローデシアが管理運営していた通信システムを、ベチュアナランド保護領政府が引き継ぎ、独自の郵便と電気通信部門を立ち上げることができたのは、1957年になってからのことであった。同年には、800kmに及ぶ電話線の拡張も実現した（Campbell 2006）。しかしこれらの恩恵を受けたのは、保護領の行政官をはじめ、ごく限られた人々にすぎなかった。

　1966年のボツワナ独立を経て1975年になっても、固定電話回線数は5000にも満たなかった。独立当時、ボツワナは世界最貧国のひとつで、人口密度も非常に低かった。全国にまばらに分散する居住地にインフラを整備するには莫大なコストがかかり、実現は容易ではなかったのである。

　1980年になると、半官半民のボツワナ電気通信公社（Botswana Telecommunications Corporations：BTC）が立ち上げられ、その運営にたずさわったイギリス系の企業が衛星通信地球局を導入した。これによって、ボツワナの電話も南アフリカを経由せず直接グローバルな通信ネットワークに接続されることになった。この年、6000しかなかった電話回線数は、1992年には4万4000にまで増加した（Campbell 2006）。しかし、有線電話網がカバーしている地域はあいかわらず主要都市に限られていた。

　こうした状況が変わるきっかけとなったのが、1990年代に多くのアフリカ諸国で進められた電気通信業界の自由化と民営化であった。ボツワナでも1996年に電気通信産業の多様化と自由競争を監督するための独立取締機関、Botswana Telecommunication Authority（BTA）が設立された。1998年になると、Mascom Wireless社とOrange Botswana（当時はVista）社が、BTAから15年間のケータイ免許を取得し、ついにBTCの独占状態が崩れることになった。この2社は免許を得て半年後には事業を開始し、その後、急成長をみせることになる。2000年以降、BTCの提供する固定電話が、回線数13～14万、電話密度7％前後を維持したまま今日に至っているのに対して、ケータイのSIMカードの契約数は2000年にすでに20万、電話密度も12％と固定電話を超え、以後急速に伸びていくことになった（図10-1）。自由競争が可能になったことで、インフラ整備の遅れや不正請求などの問題を抱えていたBTCよりも、充実したサービスの提供を始めたケータイ会社が大きくシェアを伸ばすことになった

のである（Sebusang et al. 2005: 32-33）。

こうした状況を受け、政府も2005年になると国内初のICTに関する政策を発表し、翌年には、地方の電気通信に関する戦略（Rural Telecommunication Strategy: RTS）を打ち出した。RTSには、ケータイ重視、自由競争の推進、電話普及率の低いボツワナ西部の強化などが盛りこまれた（Icegate Solutions Inc. 2006）。そして、この方針を具体的に進めるために、1999年に始まった固定電話の普及プロジェクトNteletsa 1を改良し、ケータイ普及を目指すNteletsa 2を実施することが決まったのである。

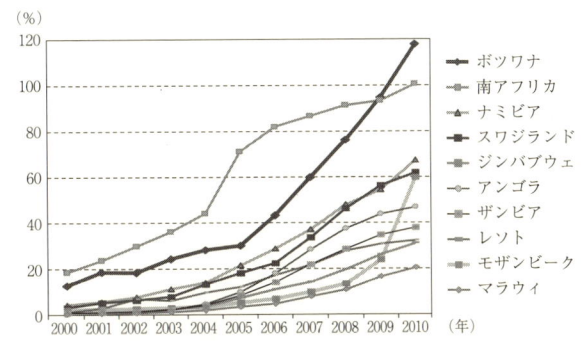

図10-1　南部アフリカ諸国の電話密度の変遷
（ITU 2010をもとに作成）

2009年に始まったNteletsa 2は、遠隔地にあって、低人口や低所得などが理由でケータイ導入の採算がとれない集落にも、政府が資金を提供して電波塔とコミュニケーション・センターを建設することを進めた。コミュニケーション・センターでは、ケータイの充電、電話料金のプリペイド用スクラッチカードの販売、インターネットやコピーなどのサービスが提供される。運営は各集落の村落開発委員会が担い、そのための研修も用意された（Pheko 2011: 44-46）。

Nteletsa 2の対象地域はボツワナ全土にわたり、作業のために4つのエリアが設定された。競争入札の結果、エリア1～3をBTCが2008年に立ち上げたケータイ部門であるBeMobile社が、エリア4をMascom社が請け負うこととなった。各エリアの建設作業期間は18ヵ月間と定められ、2011年末にはすべてのエリアで作業が完了した。従来のケータイ電話網が、幹線道路沿いの主要な都市、特に人口密度が高く、経済的に発展してきた東部をカバーしていたのに対して、Nteletsa 2の対象集落は幹線道路から外れていたり、国境沿いに位置するものが多く、その数は合計で197に上った。BTCのNteletsa担当者によれば、このプロジェクトによって、500人以上の人口をもつ集落すべてが、ケータイ

第2節　遠隔地にケータイが届くまで　*177*

の電波圏内に入ったという。

　一連の政策にも後押しされ、2000年代半ば以降、ボツワナのケータイ普及率は急速に上昇した。ボツワナは人口が少ないために、他国と比べると総契約数は多くないが、電話密度は非常に高い。2009年には、アフリカのケータイ大国といわれる南アフリカを抜き、2010年にはついに100％を越えた（図10-1）。こうして、ボツワナでテレグラムが開通した年から120年以上が経過し、カラハリ砂漠で暮らしてきたサンの人々も、ようやくケータイを手にすることになったのである。

2. 遠隔地開発計画とともに

　「あんな高いところにのぼって作業して、大丈夫なのかね？」。2010年8月、オーマの暮らすコエンシャケネでは、人々が驚きをもって建設中の電波塔を見上げていた。Nteletsa 2のエリア1に分類されたこの地域でも、BeMobileが急ピッチで作業を進めていた。

　コエンシャケネの住民の多くは、グイ（ǀGui）語またはガナ（ǁGana）語を話すサンで、かつてはボツワナの中央に位置するセントラル・カラハリ動物保護区（CKGR）で遊動的な狩猟採集生活をおくっていた。しかし、1980年代以降、ボツワナ政府による開発計画が進行するにつれて、彼らの生活は大きな変化にさらされるようになった（丸山　2010）。

　最貧国としてスタートしたボツワナだが、1971年にダイヤモンド鉱山が発見されると、それを主要な財源として、政府主導の開発計画が数多く実施されるようになる。そのひとつ、1978年に始まった遠隔地開発計画（Remote Area Development Programme：RADP）は、特に遠隔地に学校や診療所、役場などを備えた開発拠点を設け、そこへ、小集団に分散して遊動的な生活をしていた人々を集住、定住させることに力を入れた。

　CKGRでも、1979年にはカデ地域が開発拠点となり、井戸や小学校などが建設され、数百人のグイ／ガナが集住することになった。ところが1987年になると、野生動物保護と住民の生活改善を理由に、彼らをCKGR外へ立ち退かせる計画が発表される。これには住民や諸外国からも反対の声があがったが、結局1997年、住民移転は実施された。RADPは再定住地として、CKGRの外

側に、インフラを充実させた3つの開発拠点を建設した。そのひとつ、コエンシャケネでは、学校や病院、役場などが設けられ、狩猟採集に代わって賃労働や農耕、家畜飼養が推奨された。また居住用プロットが街路に沿って区画化され、各家族に配分された。こうしてグイ／ガナは、カラハリ砂漠のはずれには場違いなほど立派な設備が整ったコエンシャケネで暮らすことになったのである。

しかし、RADPによって多様なインフラが充実していくなかで、通信事業の進展は遅れをとっていた。カデの診療所に備えられた緊急用無線が、この地域にはじめて導入された唯一の通信機器で、コエンシャケネに移っても、外部との通信を可能にしていたのは、これだけであった。100km離れた県都ハンツィまで行かなければ、ケータイはおろか、公衆電話や郵便の私書箱を使うこともできず、ほとんどの人がこれらとは縁のない生活をしていた。Nteletsa 2によってはじめて、各個人が生活圏内で利用できる通信機器として、ケータイの導入が実現したのである。同時にNteletsa 2の進展にも、すでにRADPによって全国に60以上の開発拠点が設けられていたことが、大きく貢献した。数百人以上がまとまって定住しており、インフラも整備された開発拠点であれば、電波塔さえ建設すればケータイ利用者の増加は容易に見込めたからである。実際、ハンツィ県でNteletsa 2の対象となった13集落のうち、コエンシャケネを含め9つがRADPの開発拠点であった。

このようにRADPとNteletsa 2は相互に補完しながら進むことになった。RADPは、ブッシュマン開発計画（Bushman Development Programme）を前身としており、実質的な対象はサンであった。そして、彼らを主流社会に統合することを目的に、その遊動的な狩猟採集生活を「貧困状況」と見なし、それを「改善」することを推し進めてきた。ボツワナ政府は独立以来一貫して、サンを国民統合のシンボルであるツワナ社会に同化させ、近代国家にふさわしい国民たらしめようとしてきたが、RADPはその具体的な手段でもあった。情報格差の解消を掲げるNteletsa 2もまた、RADPとともに、こうしたボツワナの対サン政策の一部を担うことになったのである。

こうしてケータイの電波塔は、グイ／ガナの生活の中心部に建設されることになった。しかし、当時、人々の関心を集めたのは、ケータイが利用できるよ

うになることよりも、まったいらなカラハリに聳え立つ電波塔の高さそのものであった。「あんなに高いものをつくって、どうするっていうんだ？」建設作業にたずさわった出稼ぎ労働者が、ケニアやタンザニアなどから来た言葉の通じない人々だったこともあってか、電波塔は不可解なものとして話題になっていた。

3　コエンシャケネにおけるケータイの利用実態

1. 日常化するケータイ

　翌年、2011年8月。再びコエンシャケネを訪れるため、県都ハンツィで車に給油していたわたしは、その隣町のNGOで働くようになったコエンシャケネ出身の男性にばったり会った。再会の挨拶を交わした後、彼はケータイを取り出した。「あんたの家族も、ハンツィに来ているよ。あの店の前で待っているようにって、今、電話したから、一緒に帰りなよ」。久しぶりに会ったオーマの首には、ボツワナの国旗の色、水色と黒の毛糸で編んだケータイ・ホルダーがかかっていた。

　数年前、ハンツィに出かけたオーマが、ずいぶん興奮して帰ってきたことがあった。「後ろから来た人が話しかけてきたから、振り向いたら、ひとりで大笑いを始めたのよ。その後も、ずっと1人で話し続けていたの。でも、あとで教えてもらったの。あれがケータイなのよ。もう1人は見えないけど、一緒にいるのよ」。それが、今ではすっかり慣れた様子で、夫のキレーホに電話をし、「わたし達の"娘"が帰ってきたから、彼女の車で帰るわ」と話している。聞けば、コエンシャケネでケータイの利用が可能になったのは、この年の2月のことだったという。それから半年しかたっていないのに、車に乗りこんだ人達の首にはみな、おそろいのケータイ・ホルダーがかかっていた。

　Nteletsa 2の完了とともに、人々はこぞってケータイを手に入れたようだった。BeMobileのSIMカードは、全国的に品薄になり、ハンツィでも売り切れが続いていた。コエンシャケネのケータイ所有者数を正確に把握することは難しいが、少なくない人が持っているのは確かだった。コエンシャケネに住む約600人の大人のうち、老齢年金をもらう世代には、ケータイ所有者はほとんどいな

いが、それ以下の年齢層では、少なくとも3分の1程度はケータイを購入したようだった。

　オーマは、この年、政府が提供する賃労働に就きながら、生協の委員も務めていた。キレーホも病院で夜警として働いていた。夫妻の現金収入は、月によって異なるが、合計で1ヵ月1000プラ（約14000円）前後であった。コエンシャケネの住民のなかでは、現金収入源に比較的恵まれている方だが、とりわけ「金持ち」というわけではない。それでも、オーマとキレーホはそれぞれ1台ずつケータイを持っていた。オーマ達の居住用プロットに同居していた若い長女夫妻も、不定期に賃労働に就き、2人で1台のケータイを所有していた。

　コエンシャケネの人々がもっているケータイの大半は、ハンツィで購入できる一番安価な機種だった。値段は約250プラ（3500円）なので、現金収入があれば、まったく手が出ないという額でもない。このほかに、10プラのSIMカードと、プリペイド用スクラッチカードを必要に応じて購入すれば、ケータイは利用できる[1]。スクラッチカードはボツワナの至る所で入手できるが、コエンシャケネの人々は、たいてい自分の家の近くの雑貨屋で、もっとも安い10プラのカードを1枚だけ買う。BeMobileなら、これで約7分は話せる。チャージした料金がなくなっても、次のカードをすぐに購入できるほどの余裕はないのが普通だ。10プラあれば砂糖が1kgは買えるし、それで3日間は朝の紅茶が飲める。それでもときどき、週に20プラ分のスクラッチカードを購入することがある。平日に20プラ以上使えば、その週末の通話料金が無料になる大人気のサービス"Befree"を利用するためである。

　コエンシャケネでは、各戸に電気は届いていないし、Nteletsa 2によるコミュニケーションセンターもまだ開業していなかったが、ケータイの充電は、電気が使える小学校や病院などで可能だった。警察所でも、常に十数個のケータイが充電中で、この充電方法は今のところ黙認されているようであった。オーマの家族の場合、キレーホが病院で働いていることもあって、充電に困ることはほとんどなかった。

　また、コエンシャケネに暮らす40歳代以上の人々の多くは、読み書きは得意ではなく、ケータイに使用されているツワナ語や英語も理解しない。30歳代以下は学校に通った経験をもつ世代だが、識字率は高いとはいえない。し

がって使われるのはSMSなどではなく、もっぱら通話機能だ。キレーホも読み書きはできないし、小学校に1年しか通わなかったオーマも得意ではない。しかし、通話に必要な「緑のボタン（ON）」と「赤のボタン（Off）」、「アドレス帳」さえ覚えれば、十分ケータイを活用できる。アドレス帳には、読み書きのできる若者が、花や星といったアイコンとともに、名前と電話番号を登録してくれるという。そのアイコンが、アドレス帳に登録された番号を呼び出すときには、大事な手がかりになる。

　このように、半年前には、ほとんど誰も使っていなかったケータイは、あっけないほどすんなりとコエンシャケネの日常のなかに溶けこんでいた。では、このケータイ、いったい誰と何を話すのに使われているのだろうか。

2. 誰と何を話すのか——BeFreeの一日を事例に

　「BeeeeFreeeee！」土曜の朝、子ども達がはしゃぎながら叫ぶ声で目が覚める。Befreeサービスが適用される週末のはじまりだ。コエンシャケネのあちこちで人々がウキウキしている。オーマもキレーホも、普段、ケータイを使うときには料金を気にしてすぐ切るようにしているが、Befreeの期間は、その利用頻度がぐんと増え、通話時間も長くなる。通話料金を気にしなくていいこの期間、彼女達はどのようにケータイを利用しているのだろうか。ここでは、2011年8月のある1日、オーマがケータイで誰と何を話したのかを明らかにするとともに、ケータイが彼女達のくらしにもたらしつつある変化をみていきたい。

　この日、オーマは姉と連れ立って、コエンシャケネ再定住地を離れ、その周囲に広がる原野に向かっていた。コエンシャケネでは、2000年ごろから、再定住地の外側に自発的に居住地をひらく人々が現れ始めた。原野に点在するこの居住地は

マイパーの草葺の家の前で、ケータイを使っておしゃべりをする。

182　第10章　ケータイが切りひらく狩猟採集社会のあらたな展開

「不法占拠」を意味するツワナ語に由来して「マイパー」と呼ばれる。マイパーでは、農耕や牧畜とともに狩猟採集が営まれ、複数の親しい家族が生活をともにしている。コエンシャケネに移転後、それまで続けられてきた CKGR での狩猟採集は厳しく禁じられ、居住プロットの導入によって、かつてのように親しい家族が集まって、生業や食事をともにする居住集団をつくることも不可能になった。そこで人々は、RADP の目指すところに反して、再定住地の周囲にマイパーを生み出すことによって、原野のくらしを継続させ、社会関係を維持、再生産させることに努めてきたのである（丸山 2010）。

　オーマも、コエンシャケネに来てからは、他の多くの住民と同じように、再定住地のプロットと、そこから約 3km 離れたマイパーを時期に応じて移り住みながら、政府の持ちこんだ新しい生活と昔ながらの生活を組みあわせて暮らしてきた。最近はプロットに住むことが多かったが、そろそろ再びマイパーに引っ越したいという。そこで今回は、再定住地から 5km ほど離れた場所に、あらたなマイパーをつくることなった。

　オーマとその姉は、すでにマイパーの家屋と家畜囲いをつくる建材を集め始めていた。その作業を続けるために、2 人はマイパー予定地へと出かけたのである。この日、オーマは、大きく分けて次の 4 つのシーンでケータイを利用した。

【シーン 1：午前中】
　マイパー予定地に到着すると、オーマは、そこから 1km ほど離れた別のマイパーに住む長姉の孫のケータイに電話をし、後で訪ねていきたいと伝えた（図10-2　①）。それを聞いた長姉は「新しいマイパーを見たいから」といってオーマ達を訪ねてくることになった。

　原野に点在するマイパーどうしは数百 m から数 km 離れており、かつては互いの様子を知るには直接訪ねるしかなかった。訪ねても不在だったり、入れ違ってしまったりすることもめずらしくなかった。ところが電波塔の周囲 10km 圏内に電波が届くようになると、マイパーでもケータイが使われ始め、互いの様子を簡単に伝えあえるようになったのである。

【シーン 2　昼すぎ】
　鳥の声だけが聞こえる原野で、着信音が鳴り響く。カウドワネを訪問中の女性からの電話だった（図10-2　②-1）。彼女も Befree 中だという。カウドワネとは、

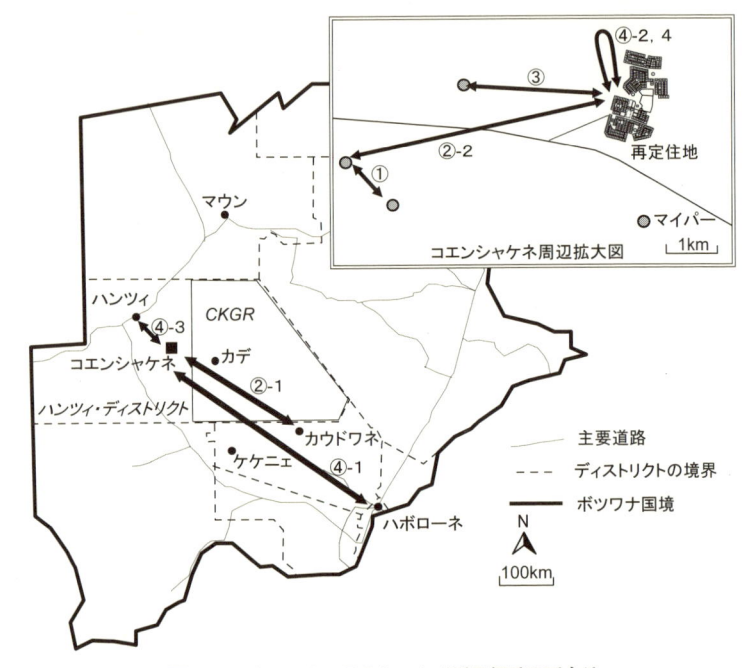

図10-2　オーマの１日のケータイ利用相手の所在地

コエンシャケネと同様に、CKGRからの立ち退き先として設けられた再定住地である。コエンシャケネからは、車で丸一日かかる距離にあるが、同じCKGR出身のグイ／ガナが居住しているので、交流は続いている。電話をかけてきた女性も日頃はコエンシャケネで暮らしているが、この時は、親族の葬式のためにカウドワネを訪れていた。電話で伝えられたのは、その日の朝、カウドワネで、２人の男性がケンカをし、片方がもう片方を槍で刺してしまったという、衝撃的なニュースであった。オーマは電話を切ると、すぐさま夫と姉の娘にケータイをかけ、このニュースを事細かに伝えた（図10-2　②-2）

　誰かの病気やけんか、事件、ゴシップなどは、もともと、数日もすればコエンシャケネの人々がみな知るところとなっていた。他地域に住むグイ／ガナの話題も誰かが持ち帰り、やがて伝わるものだった。しかしケータイの登場はその頻度とスピードを急増させた。CKGRからの立ち退きの結果、遠く隔たった再定住地に住むことになった人々どうしは、ケータイによって再び活発にニュースや情報のやりとりを始めるようになったのである。

184　第10章　ケータイが切りひらく狩猟採集社会のあらたな展開

【シーン3：夕方】

　帰り道、オーマ達は、その途中にあるオバ夫妻のマイパーに立ち寄ることにした。すると、思いがけず、暴れる若い女性から逃げまどっているオバ夫妻に遭遇した。この女性は長らく心を病んでいたが、この日は症状が悪化したのか、錯乱状態になってオバ夫妻を訪ねてきたという。オーマはあわてて再定住地にいるキレーホに電話をし、女性の夫を探すように頼んだ。さらに、再定住地に住むオバの娘夫妻にも電話をした（図10-2　③）。まもなく、娘夫妻が、女性の夫とともに、自動車でマイパーへと駆けつけてきた。そして、みんなで暴れる彼女をなだめ、病院へと運ぶことになった。

　自分のプロットにもどって一息ついたオーマと姉は、「こういう時のためにケータイはあるのよ」と熱く語りあっていた。マイパーは、再定住地にある病院からは遠く、また困ったことが生じても、すぐに助けを呼べるとは限らない。老人の中には、原野のマイパーには住みたいが、やはり病院に近い方がいいのかもしれないと、再定住地に戻ってくる人もいた。「でもね、ケータイさえあれば、問題が解決するのよ」と、マイパーへの引越しを予定しているオーマは嬉しそうだった。

【シーン4：夜】

　夕食を終え、焚き火を囲む時間になると、オーマはまたケータイを取り出した。最初にかけた相手は、コエンシャケネから首都ハボローネに研修に出かけている女性だった（図10-2　④-1）。心を病んだ女性の話をひとしきり語った後、話題は、コエンシャケネのサブヘッドマンの選出に移った。先日、亡くなったサブヘッドマンの後任を決めるミーティングが、この日、開催されていたのである。その詳細を聞くためにオーマが次に電話したのは、サブヘッドマン候補者の親族である女性だった（④-2）。少し離れたプロットに住む彼女に選出状況を尋ねたものの、いまいち理解できず、今度は町のNGOで働くグイの男性に電話をした（④-3）。CKGR出身の彼は、大学を卒業し、国会議員を目指したこともある、いわゆるエリートである。コエンシャケネから離れて暮らしながらも、サブ・ヘッドマンの選出過程については、ケータイを通じていろいろな人から話を聞き、助言もしているらしく、それを解説してくれた。最後にオーマは、わずか数百メートルしか離れていないプロットに住んでいる姻族の女性と、再び今日のできごとについておしゃべりを続けた（④-4）。

　ケータイがなくても、日が落ちると、人々はしばしば互いに訪問しあって、

その日のできごとやニュース、ゴシップなどを延々と語りあう。このようなおしゃべりのなかに、ケータイ通話も組みこまれるようになってきた。特に団欒の場では、ケータイを持っている2人だけが、会話をするのではなくて、通話音量を最大にし、周りの人々もケータイでの会話に積極的に参加する。こちらと向こうのふたつのおしゃべりの場が、ケータイでつながるのだ。オーマのBeFreeの1日も、こうしてにぎやかに終わった。

4　ケータイが切りひらくあらたな展開

　コエンシャケネに電波塔が建つよりも、ずっと以前に、キレーホがこんなことを話していた。「ケータイ？　あぁ、俺達はずいぶん前から同じようなものを知っているぞ。トビウサギの猟だ。」この猟に使われるのは4メートルもの長い棒で、それを地中につくられたトビウサギの巣穴につっこむ。巣穴で眠っていたトビウサギは棒の先端につけられた金具で捕らえられ、当然逃げようともがく。そのビクッビクッという動きが棒を伝ってくるのを、狩人は感じることになる。「俺とトビウサギは互いに見えない。でも俺達は、棒を使って伝えあうんだ。逃げるぞ、いや、逃がさないぞってな」。キレーホは、トビウサギ猟を単なる食物の確保というだけでなく、そこにコミュニケーションが生まれていることに注目している。だからこそ、この状況を「見えないけど、伝えあう」ことができるケータイと同じだというのだ。
　わずか半年間で、コエンシャケネのグイ／ガナにケータイが普及した要因はいくつかあるだろう。開発計画の進行にともない、現金収入源や充電に利用できる施設が増えたこと、収入の範囲内で購入できる価格帯であったこと、また読み書きを必要としない通信手段であったことなどは、その大きなものといえる。そして、人と人、時には動物とさえもコミュニケーションをとり、伝えあうことに、細やかな関心を寄せてきた彼らにとって、ケータイは十分になじみやすく、魅力的なものであったはずだ。
　こうして着実に進んだ遠隔地へのケータイ普及だが、その利用実態はNtelet-sa 2が目指したもの、すなわち、情報の少ない遠隔地の人々が都市部に流通している情報にアクセスできるようになること、そしてその情報を用いて経済利

益を生み出し、より「近代的な生活」をおくることに向かっているわけではなかった。

　Befreeの一日に、オーマがケータイで話した相手はみな、コエンシャケネ在住、または出身のグイ／ガナであった。彼女のケータイのアドレス帳に登録されている64人のうち62人が、またキレーホのアドレス帳に登録されている41人中38人もグイ／ガナである。居住地別に見れば、いずれも8割以上がコエンシャケネに住んでいた（図10-3）。すなわち主たるケータイ通話の相手は、歩いて訪問できる範囲に住む、すでに親しくしてきた人々なのである。ケータイ利用の主たる目的は、こうした人々とのおしゃべりや情報交換で、その外側にある情報へのアクセスやビジネスを生み出すことにはほとんど関心が向けられていなかった。オーマは8月に1回しか得られなかったBefreeの機会に、はりきってケータイを使っていたが、そのなかに経済的利益をもたらすような通話は皆無であった。またコエンシャケネの人々のあいだで、ケータイを活用した経済活動が始まったという話を耳にすることもなかった。ケータイは従来の社会関係に沿って使われ、またその関係をより充実させるものとして機能しているのである。

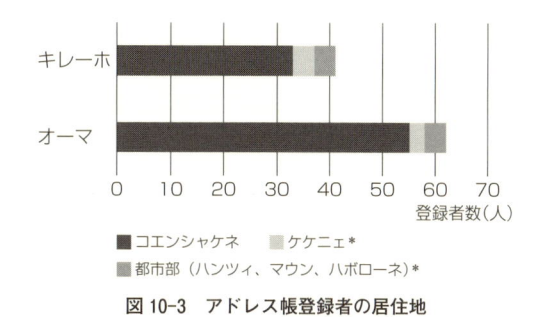

図10-3　アドレス帳登録者の居住地
（＊地名の位置については図10-2を参照のこと）

　これはケータイが導入されてわずか半年という、初期的な状況だからなのかもしれない。しかし現時点で、ケータイが生み出しつつある変化の兆しを見れば、それがNteletsa 2やボツワナ政府の期待した方向性とは、必ずしも重なっていないことがわかる。それを以下の3点にまとめておこう。

　まず、ケータイを利用することによって、離れて暮らすグイ／ガナのあいだの交流が増えている。オーマの事例にあったカウドワネとのやりとり以外にも、最近増加しているのが、ケケニェに住むグイとの交流である。ケケニェとは、コエンシャケネから500km南に位置する開発拠点であるが（図10-2）、ここには1930〜40年代の旱魃の年にCKGRから離れて、この地域に移ったグイが数多く居住している（丸山　2010）。以前は、その存在は知っていてもほとんど

第4節　ケータイが切りひらくあらたな展開　*187*

行き来がなかったが、近年特に若者のあいだで急速に交流が深まっており、それを促進している要因のひとつがケータイである。オーマとキレーホのアドレス帳にも、それまで会うことがなかったケケニェの親族の電話番号が登録されており、たびたび通話し、訪問しあうようになった。CKGRからの立ち退きや度重なる移動によって離散を続けてきたグイ／ガナが、今後、ケータイを用いてその紐帯を再活性化していく可能性は高い。

　次に、コエンシャケネの外に住む、いわゆる新興のエリートのグイ／ガナと、コエンシャケネ住民とのあいだの関係が強化されつつある点も見逃せない。サブヘッドマンの選出過程に詳しかったNGO勤務の男性のように、都市部に住んでいてもケータイを使って故郷の問題に関わるエリートは少しずつ増えている。彼らは、さらにケータイやインターネットを利用して、グイ／ガナの直面する問題を、より広い社会に訴え始めてもいる。国際的に展開される「先住民」の権利運動などにつながっていこうとする彼らが、ボツワナ政府の対サン政策に抗議の声を上げたり、地元の人々とグローバルな動きとのあいだを仲介するためにケータイを利用することも今後めずらしくなくなるだろう。

　最後に、ケータイの利用が、再定住地から原野への拡散を促進していることを指摘しておきたい。再定住地から遠く離れた方が、野生動物や植物、牧草などを利用しやすい一方、再定住地で提供される雇用機会や福祉制度に関する情報へのアクセスは困難になる。このジレンマの解消に、ケータイが役立つことを、多くの人々が認識し始め、ケータイを持って原野のマイパーへ移り住む人も、すでに現れつつある。オーマも、新しいマイパーを以前より遠い場所につくったことについて、「大丈夫よ、ケータイがあるからね」と話していた。自動車と同様に、新しい技術が取り入れられることによって、かえって原野のくらしが続けやすくなるという、あらたな展開が起きつつある。

　このようにグイ／ガナは、ケータイを、主流社会への同化を進めるよりも、彼らどうしの紐帯を強めることに利用し、さらに「近代的な生活」だけでなく、原野での生活をサポートするものとしても使っている。確かに、彼らの生活空間がケータイの電波圏に入ったことは、これまでよりもいっそう国家に関与され、捕捉される可能性を高めたに違いない。しかし同時に、グイ／ガナは、そのケータイを自ら培ってきた社会関係や原野での狩猟採集生活を新しいかたち

で展開するためのツールとしても使い始めているのである。

　ケータイの普及は、今後サンの生活にさまざまな変化をもたらすはずだ。しかしそのなかでも変わらないものもあるのかもしれない。着飾った若い女性達が、ケータイを片手でいじりながら、話してくれた。遠方に馬で狩りにいっていた夫が、コエンシャケネに近づき、電波が入るようになると、ケータイで連絡をくれるのだ、と。「肉が捕れたよ、って言うため？」と聞く私に、彼女達は、あきれたように首を振った。「狩に成功したなんて、自分で口にするわけないじゃない！　ただもうすぐ帰るよというだけ。もちろん、その電話でわかるのよ、きっと彼が肉と一緒に帰ってくるってね。でも、私は十分な食事の支度をして待つの。たとえ彼が手ぶらで帰ってきても大丈夫なようにね」。

（丸山　淳子）

＊注

(1)　2008年9月より、プリペイド式であっても利用者登録が義務づけられた。

＊引用文献

Campbell, A., 2006, "History of Telecommunications in Botswana 1890-1990," *BTA10th Anniversary Commemorative Brochure*, Botswana Telecommunication Authority, 7-8.

Icegate Solutions Inc., 2006, "Draft of Rural Telecommunications Strategy: Consultancy Services for the Development of Rural Telecommunications Strategy," (Retrieved December 30, 2011, http://www.icegate.ca/PDFs/Draft%20Rural%20Telecommunications%20Strategy%20for%20Botswana%205%20Sep%2006.pdf)

ICT, 2010, "Mobile Cellular Subscription," ICT Data and Statics（2011年12月30日取得, http://www.itu.int/ITU-D/ict/statistics/material/excel/2010/MobileCellularSubscriptiones_00-10.xls）

Mutula, S. M., B. Grand, S. Zulu, & P. M. Sebina, 2010, *Towards an Information Society in Botswana: ICT4D Country Report*, Department of Library and Information Studies University of Botswana and Southern African NGO Network.

Pheko, B.C. 2011, "Reaching the Hard to Reach: Information Technology Reached Rural Kaudwane in Botswana", R. N. Lekoko & L. M. Semali eds., *Cases on Developing Countries and ICT Integration: Rural Community Development*, Information Science Reference, 42-52.

Sebusang, S., S. Masupe & J. Chumai, 2005, "Botswana," A. Gillwald ed., *Towards an African e-index: ICT Access and Usage across 10 African Countries*, LINK Centre, Wits University, 32-45.

丸山淳子, 2010, 『変化を生きぬくブッシュマン：開発政策と先住民運動のはざまで』世界思想社.

Conclusion グローバル社会のメディア研究

　メディアのフィールドワーク、とくにアフリカをフィールドとすることで得られるものは何であろうか。それは、近代化という急激な社会変容の様相の深長な理解だろう。フィールドワークという手法は、異文化社会の調査や比較社会研究において、もっとも効力を発揮する。なぜかケニアで、異なる社会的文脈において、偉業を成したフィールドワーカーを思い出す。近代日本社会成立のために渡欧し、その後もさまざまな文物の情報を日本にもたらした森鷗外である。

1 国際社会を前提とするメディア研究

　メディアとは情報を媒介するもの、一般には伝達媒体と訳される。そして、その情報の定義はそもそも次のようなものであった。「情報とは、敵と敵国に対する我智識の総体を謂ふ」というクラウセヴィッツの『大戦原理』の森鷗外訳（『鷗外全集』第三十四巻）である。情報に関わる歴史を紐解くならば、日本の情報社会とは総力戦体制の結果として成立している（佐藤　1998）。また現代では、大衆社会論や消費社会論以降、情報は社会的現実を構成する重大な要素として取り扱われることとなり、その情報を媒介するメディアについても人間行動や社会構成との相互関係が研究主題として珍しいものではなくなった。

　鷗外のこの翻訳は、インフォメーションの訳として有名なものではあるが、今更ながらに含蓄の深いものだといえる。いうまでもないことだが、社会の近代化は国民国家の成立と切っても切り離せない関係にある。日本社会近代化の草創期に鷗外はドイツに留学し、研究だけでなく、生活や文化などを存分に楽しみ観察し、日本に多くの海外事情を伝えた。この知識人の近代的な国家へと邁進する日本社会に対する、翻訳という伝達行為の成果はメディア論において意味を再考する必要がある。

　情報、またはメディアという新しい研究対象は、近代国家を前提として軍事

190

利用を目的に設定されている。もっとも新しいところでは、インターネットがアメリカの軍事訓練シミュレーションシステムの開発によってもたらされた恩恵だということは周知のことである。今も昔も情報技術やメディア技術に関する研究の進歩は、国家を主体とした近代的な戦争と強い因果関係にある。したがって、メディア技術の進歩とその管理は、第一に国家政策として行われるべきものであった。近代化と情報メディアは、国家を前提として理解されるべき産物であり、特にメディア環境は国と国との境界を強く意識した動態であり、インフラストラクチャーとなっている。たとえば、テレビでは放送電波の利用に関わる国際法によって、各国の電波利用が規定されている。このメディア利用によって、世界は国際社会、つまり近代国家の集合体として人々に認識される。

　鷗外の生きた近代草創期においても世界は国際社会として認識されていた、というよりも国際社会として認識しなければならないという強い規範があっただろう。そして、20世紀のメディア技術の発展によって、映画、電話・ラジオ、テレビといった電気メディアの文化が国策により積極的に利用されてきた。ラジオやテレビといった電気メディアの出現は、活字や出版メディアがもった影響、たとえば想像の共同体の出現とは異なる。特に文字リテラシーを必要としない一方向的なメディアであることから、異なる権力構造を構成していたのだと簡単に想像できるだろう。20世紀はこれら電気メディアの時代であり、国家を前提とした国際社会を情報の操作によっていかに調整するのか、という比較的わかりやすい課題と図式があった。しかし20世紀の後半になって、文化的標準化を果たした電子メディアの文化は、電気メディアと連関する国際社会という世界認識に変更もしくは修正をせまるものとなった。これは、メディア技術のみならず、そのほかの移動や輸送に関わるさまざまな変化によってグローバル化という事態がもたらされたことと呼応する。

2　グローバル化する社会とは何か

　現在のグローバル化の議論は、第一に、国家の弱体化、つまり国際社会の衰退として語られる。資本が場所に拘束されなくなり、それと連関し人やモノ・

情報が場所に拘束されなくなった。グローバル化議論には、いくつかのフェーズがある。人やモノや情報が流動化するという事態を指してグローバル化というのであれば、昔からそのような事態はみられたし、国家が機能しにくい地域は今でも多く、新しいことではないという見方もある。その一方で、閉鎖的な環境をもち国家的ルールがある程度まで機能していた場所、たとえば日本や欧米のいくつかの国では、資本の海外流出による雇用の減少、法人税収入の減少、人材の流出などが大変な問題となる。インドや中国でモノを生産し、税金を安く納めることによって、経済的利益を一部の資本家が得る。これらの資本家や資本家の家族がインドや中国に居住するわけではなく、法人税としての税金を納めていないにもかかわらず、日本や欧米に居住し、教育・福祉などを含めた社会的サービスを享受する。社会的サービスを提供する国家は、支出ばかりが増加し、がぜん財政状況が悪くなるという循環が国家的大問題だというわけである。

　雇用に関連した問題は次のような事態である。日本で話題になるのは、工場の海外移転問題である。これまで日本国内にあった工場がなくなり、働き口が減るという実感はあるだろう。そして、「日本は人件費が高いから仕方がない」という声をよく聞く。しかし重要なことはもっとほかにもある。これまで各国の労働法によって、労働者たちの権利が守ろうとしてきた。そもそも民主主義の理想のひとつである平等を基本として、近代的な国家では法制定がなされてきた。しかし、雇用に関わる労働法は、雇用主と被雇用者双方に対して平等な法律にはなっていない。どちらかといえば、雇用主に不利な規制がさまざまに加えられている。それは、資本を所有する雇用主と所有しない被雇用者との関係がそもそも平等ではないため、両者に平等に力を与えるルールを適用すると被雇用者である労働者に必ず不利益をもたらし、不平等を帰結することがあらかじめわかっているためである。したがって、労働法の制度はおおむね、この雇用関係の不平等を前提として、できるかぎり弱い労働者を守るルールであることが多いようである。たとえば、日本では典型雇用の労働者を簡単に解雇できないことを誰でもが知っている。グローバル化が進み生産などの拠点が場所に拘束されないならば、できるだけ国家の規制が厳しくない場所で労働者を雇用することが雇用主にとっては経済的な利をもたらすことになる。単に人件費の問題だけではない。国家の介入が少ない方が資本家にとっては都合がよい。

ここでも国家的な規制力の弱体化を促進する状況が生まれている。環境維持に関しても同じことがいえる。厳しい環境保全基準を設けている国家では、その維持コストがかかるが、そのような保全基準がない、もしくは低い保全基準の国家があるならば、そちらに生産手段を移すことによって、経済的な利が生まれる。保全基準を下げることで、生産拠点を呼びこむという事態も起こる。このように国家が弱体化していく様をグローバル化と総称しており、資本の暴走を抑え、人々の生活や環境を良いものに維持し、守る中心的な役割を果たす世界政府（のようなもの）や世界管理の権力が失われていることが問題であるともいえる。本書でも一部取り上げたとおり、現在、アフリカではこれまで以上に情報・モノ・カネが大きく動いている。そして、その流動を支えているのは間違いなくメディア技術である。

　経済的な観点や資本主義下における労働や環境保全という観点からみれば、上述のとおりであるが、メディア研究としてはどのように考えるべきなのだろうか。国家が衰退したのであれば、これまでの国家を前提としたメディアや国家や国際社会と関連づけるメディア研究は再考しなければならないことは明らかである。しかしアフリカの国々は、国家としての機能を強化していく意欲をもっているようにみえる。グローバル化によって、経済成長戦略をとろうとしていることは間違いないだろう。この成長戦略とセットで環境保全に関わるリスクやローカルな生活環境の破壊が進むことも忘れてはいけない側面だと思われる。それぞれの社会集団における、負の側面を回避し、豊かな生活を維持するためのあらたな社会秩序の構築がどのようになされるのか、アフリカの各地域で調査研究を進めなければならない。特に、ローカルにおける生活保全のための中間集団の行動には注目する必要がある。

3　中間集団とメディア研究

　電子メディアの代表格は、インターネットとケータイネットワークであることは間違いない。そしてこの網の目は、シームレスに接続しており、今では電話だろうとインターネットだろうとデバイスを選ばない状況となった。これらは、明らかに遠距離のコミュニケーションを円滑に行うために発明されたメディ

ア環境だが、それに加えて貨幣流通を円滑に行うためのメディアともなった。このように、コミュニケーションと相互扶助を可能とするインフラストラクチャーであるために、親密性と公的活動を支えるある種の環境をこの電子メディアが提供している。

どちらかといえば、本書で捉えられたケータイ利用の様相は、主にこの親密性と個人の生活経営に関わる。親密性のあり方と生活経営は、社会集団の基礎をなしている。たとえば家族は再生産の基底となる社会集団であることは間違いがない。そして、社会化に関わり、どのような人間を育てるのか、重要な役割を担っている。ここでケータイの利用によって、どのように家族、市場、国家のバランスが変化するのだろうか。リースマンにならうならば、伝統社会では魔術や慣習にしたがってライフコースを決定し、社会化されていくだろう。内部指向社会では親の職業観にしたがって、もしくは家族関係の中でライフコースが決定される。そして、他人志向社会では、個人が社会全体の方向に対して敏感になり、自身でライフコースを選択しなければならないということになる。ここで社会全体のイメージや他人という他者の志向について、情報を獲得することが意思決定における重要な条件となる。

他人指向社会においては、個人と社会を接合するための伝統的中間集団が機能不全に陥っていることが指摘されてきた。伝統的中間集団とは、消防団や町内会のような地域社会集団や教会やお寺のような宗教集団を指す。本書ではマリンケ社会の「子どものトン」などもそれに当たる（第3章）。そして、現代社会においては個人がむきだしで社会にさらされ、個人が社会参加するための能力（日本では市民社会における市民性）を涵養する機会が奪われているとされている。

その一方で、ケータイやインターネットの電子空間は、この中間集団を形成する場として期待されたことがあった。たとえば、公共圏の議論における、平等で公開的で自律的なコミュニケーションの場をインターネットが保証する（吉田 2000）ことによって、あらたな社会参加が可能となっているのではないか、と議論されてきた。「アラブの春」（コラム8）は、民衆の社会参加を阻まれていた地域において、近代民主主義の理想への展開をメディア環境が支えた例として衆目を集めた事件であった。しかし、この電子空間が中間集団を支える場として機能していると評価することはできない。中間集団として機能しているの

であれば、メディアを利用している人々が言論や行為を通じ、政治や国家運営に携わっていなければならない。しかし、そのような場としてはまだまだ機能していない。

　特に、中間集団は世界社会や国民国家よりは小規模であり、その集団成員の経済的、政治的な活動を涵養し、支えるという機能を担っている。メディア上での新しい活動が中間集団の機能を代替しているとはいえないが、既存の中間集団の活動をメディア技術の発達は支えているということは本書でも明らかになった。難民の生活は明らかにこの事例となる（第9章）。グローバル化によって、公的領域の範域は拡大していく。私的領域と公的領域をつなぐ社会的な活動範囲が拡大することによって、社会と個人とをつなぐ中間領域における活動を担おうとする個人に対して量的にも質的にも負担が重いものとなる。

　中間領域の活動を制度化する中間集団こそ個人の社会的想像力を担保する重要な機能をもっている。しかし、電子メディアの空間に生起する中間集団がどのようなものなのか、いまだよくわからないことが多い。また、国際社会においては国家が中間集団として機能してきたが、グローバル社会における中間集団とはどのようなものなのか、まだ、みえてはこない。市民運動や趣味集団の維持に電子メディア空間は頻繁に利用されているが、生活経済や労働を媒介としない集団を中間集団と考えてよいのかどうか、課題となるだろう。

4　おわりに

　ケータイという比較的新しいメディアの利用を考える時、さまざまな切り口がある。しかしその中でも情報メディア研究は特に新奇性や先見性に重心がある。したがって、情報メディアの新しい技術が早く普及した地域に目が向きやすい傾向があったのではないだろうか。北欧、香港や日本といった地域のケータイの利用行動研究は着手が早かった。一方で、1990年代後半から利用が可能となっていたアフリカの各国に関する詳細な利用行動については、2010年代になって報告されるようになった。これも先進国の経済発展が行き詰まり、儲ける余地が減り、BOPビジネスが脚光を浴びるようになったこととパラレルに進行していると考えられる。

経済成長至上主義のこの状況がいつまで続くのか想像もつかないが、社会は経済的なルールや合理性のみで維持されているわけではない。すでにクリシェとなってしまっているが、貨幣経済の成熟がみられない社会においても充実した生活はみられる。経済的な合理性の論理に縛られているのではなく、文化や社会規範、社会的行動によって維持されている社会について、本書では紹介してきた。裏を返せば、経済的な成長を遂げれば、争いや貧困問題が解決するというものでもないということだ。経済成長に必須の自由や競争を否定するわけではないが、平等や相互扶助を優先させるあり方をこの新しいメディアの利用から考えることも必要だろう。アフリカ地域におけるケータイ利用行動から学ぶことは多い。

　本書をきっかけに少しでもアフリカに関心をもち、メディア利用に関して興味をもってくだされば、幸いである。最後に本書の刊行にあたって、まず弘前大学人文学部社会行動コース（旧人間行動コース）の同僚に感謝したい。アフリカへの門を開いてくれたのは、弘前大学人文学部のアフリカニストたちである。特に作道信介氏と北村光二氏（現岡山大学）にお礼を申し上げたい。また、京都大学アジアアフリカ研究センターの諸先生方にもお世話になりました。太田至氏には本書出版企画のアドバイスをもらいました。また日本学術振興会ナイロビ研究連絡センターの歴代センター長とスタッフの方々からは、編者のうち2人が調査支援をうけました。本書は平成22年度から平成23年度にかけてKDDI財団の助成を受けて行ったアフリカのメディア事情に関する研究会の成果が含まれています。また、北樹出版の福田千晶さんには、出版企画意図を理解していただき、地理的な制限があるなか根気よくおつきあいいただいたことを付して感謝申し上げます。

（羽渕　一代）

＊参考・引用文献
森林太郎, 1974,『鴎外全集』第三十四巻　岩波書店：74.
佐藤卓巳, 1998,『現代メディア史』岩波書店.
D. リースマン,（＝1964, 加藤秀俊訳『孤独な群衆』みすず書房.）
山口徹, 2011,『鴎外「椋鳥通信」全人名索引』翰林書房.
吉田純, 2000,『インターネット空間の社会学』世界思想社.

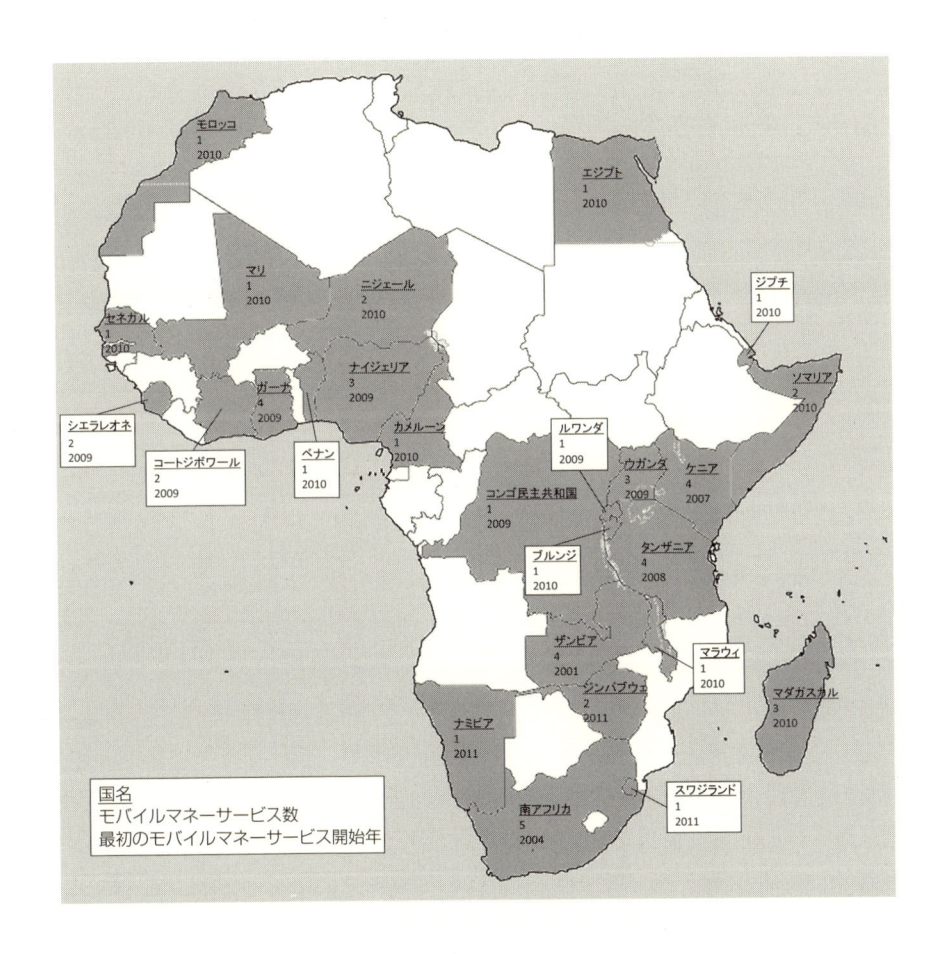

付　録

モロッコ
1
2010

エジプト
1
2010

マリ
1
2010

ニジェール
2
2010

ジブチ
1
2010

セネガル
1
2010

ナイジェリア
3
2009

ガーナ
4
2009

シエラレオネ
2
2009

コートジボワール
2
2009

ベナン
1
2010

カメルーン
1
2010

ソマリア
2
2010

ルワンダ
1
2009

ウガンダ
3
2009

ケニア
4
2007

コンゴ民主共和国
1
2009

ブルンジ
1
2010

タンザニア
4
2008

ザンビア
4
2001

マラウィ
1
2010

マダガスカル
3
2010

ジンバブウェ
2
2011

ナミビア
1
2011

スワジランド
1
2011

南アフリカ
5
2004

国名
モバイルマネーサービス数
最初のモバイルマネーサービス開始年

197

国名	人口	GDP	国民一人当たりのGDP	携帯電話加入者数	普及率	携帯電話加入者数年平均増加率	固定電話回線数	固定電話回線数年平均増加率	携帯電話加入者数:固定電話回線数	失敗国家指数
単位	百万人	10億米ドル	米ドル	千人	%	%	1000人	%		
資料年	2009年	2008年	2008年	2010年	2010年	2005-2010年	2010年	2005-2010年	2010年	2011年
アルジェリア	34.9	170.45	4'885	32'780.2	92.42	19.1	2'922.7	2.6	11.2:1	78.0
アンゴラ	18.5	83.38	4'508	8'909.2	46.69	40.8	303.2	25.7	29.4:1	84.6
ウガンダ	32.71	16.47	504	12'828.3	38.38	57.7	327.1	30.2	39.2:1	96.3
エジプト	83	165.01	1'988	70'661	87.11	39	9'618.1	-1.7	7.3:1	86.8
エチオピア	82.82	24.91	301	6'517.3	7.86	73.8	908.9	8.3	7.2:1	98.2
エリトリア	5.07	1.48	291	185.3	3.53	35.6	54.2	7.5	3.4:1	93.6
ガーナ	23.84	...	...	17'436.9	71.49	43.4	277.9	-2.9	62.7:1	67.7
カーボベルデ	0.51	1.71	3'391	371.9	74.97	35.4	72	0.1	5.2:1	75.8
ガボン	1.47	14.52	9'846	1'610	106.94	16.9	30.4	-4.9	53.0:1	75.3
カメルーン	19.52	23.25	1'191	8'155.7	41.61	29.3	496.5	37.7	16.4:1	94.6
ガンビア	1.71	0.81	475	1'478.3	85.53	43	48.8	2.1	30.3:1	80.9
ギニア	10.07	3.8	377	4'000	40.07	84.1	18	-6.4	222.2:1	102.5
ギニアビサウ	1.61	0.46	285	594.1	39.21	43.2	5	-12.3	118.8:1	98.3
ケニア	39.8	30.35	763	24'968.9	61.63	40.2	460.1	9.9	54.3:1	98.7
コートジボワール	21.08	23.41	1'111	14'910	75.54	44.7	223.2	-2.9	66.8:1	102.8
コモロ	0.68	0.53	784	165.3	22.49	60.5	21	4.4	7.9:1	83.8
コンゴ共和国	3.68	12.53	3'402	3'798.6	93.96	46.7	9.8	-9.2	386.5:1	91.4
コンゴ民主共和国	66.02			11'354.7	17.21	32.8	42	31.7	270.4:1	108.2
サントメ・プリンシペ	0.16	0.17	1'074	102.5	61.97	53.7	7.7	1.5	13.4:1	74.5
ザンビア	12.94	14.8	1'144	4'946.9	37.8	39.1	90.1	-1	54.9:1	83.8
シエラレオネ	5.7	1.96	343	2'000	34.09		14	-12.8	142.9:1	92.1
ジブチ	0.86	0.97	1'125	165.6	18.64	30.3	18.5	11.8	9.0:1	82.6
ジンバブエ	12.52			7'500	59.66	63.2	379	2.9	19.8:1	107.9
スーダン	42.27	57.93	1'370	17'654.2	40.54	57.4	374.7	-8	47.1:1	108.7
スワジランド	1.18	2.84	2'393	732.7	61.78	29.7	44	4.7	16.7:1	82.5
セイシェル	0.08	0.84	9'947	117.6	135.91	14.9	22	0.6	5.3:1	67.0
赤道ギニア	0.68	18.53	27'393	399.3	57.01	32.7	13.5	6.2	29.5:1	88.1
セネガル	12.53	13.29	1'060	8'343.7	67.11	37	341.9	5.1	24.4:1	76.8
ソマリア	9.13			648.2	6.95	5.3	100	-	6.5:1	113.4
タンザニア	43.74	20.74	474	20'983.9	46.8	47.9	174.5	2.5	120.2:1	81.3
チャド	11.21	8.35	745	2'614.3	23.29	65.6	51.2	31.6	51.0:1	110.3
中央アフリカ共和国	4.42	1.99	450	1'020	23.18	59.1	12	3.7	85.0:1	105.0
チュニジア	10.27	40.31	3'925	11'114.2	106.04	14.4	1'289.6	0.5	8.6:1	70.1
トーゴ	6.62	2.88	435	2'452.4	40.69	41.4	213.8	27.7	11.5:1	89.4
ナイジェリア	154.73	201.14	1'300	87'297.8	55.1	36.3	1'050.2	-3	83.1:1	99.9
ナミビア	2.17	8.43	3'884	1'534.5	67.21	27.9	152	1.8	10.1:1	71.7
ニジェール	15.29	5.35	350	3'805.6	24.53	63.7	83.6	28.4	45.5:1	99.1
ブルキナファソ	15.76	8.05	511	5'707.8	34.66	55.2	144	9.6	39.6:1	88.6
ブルンジ	8.3	1.11	133	1'150.5	13.72	49.7	32.6	0.9	35.3:1	98.6
ベナン	8.93	6.68	748	7'074.9	79.94	64	133.4	11.8	53.0:1	80.0
ボツワナ	1.95	13.36	6'852	2'363.4	117.76	33.2	137.4	0.1	17.2:1	67.9
マダガスカル	19.63	9.44	481	8'242.2	39.79	74.4	172.2	13.3	47.9:1	83.2
マラウィ	15.26	4.27	280	3'037.5	20.38	48.5	160.1	9.3	19.0:1	91.2
マリ	13.01	8.74	672	7'325.8	47.66	57.2	114.4	8.6	64.0:1	79.3
南アフリカ	50.11	276.45	5'517	50'372	100.48	8.2	4'225	-2.2	11.9:1	67.6
モーリタニア	3.29			2'745	79.34	29.8	71.6	11.8	38.4:1	44.2
モーリシャス	1.29	9.32	7'235	1'190.9	91.67	12.6	387.7	1.6	3.1:1	88.0
モザンビーク	22.89	9.64	421	7'224.2	30.88	36.9	88.1	5.9	82.0:1	83.6
モロッコ	31.99	85.56	2'674	31'982.3	100.1	20.9	3'749.4	22.8	8.5:1	76.3
リビア	6.42	99.93	15'565	10'900	171.52	40.4	1'228.3	7.6	8.9:1	68.7
リベリア	3.95	0.84	211	1'571.3	39.34	57.9	5.9		267.5:1	94.0
ルワンダ	10	4.46	446	3'548.8	33.4	73.9	39.7	10.9	89.5:1	91.0
レソト	2.07	1.62	782	698.8	32.18	22.8	38.8	-4.2	18.0:1	80.4
アフリカ全体	1'008.34	1'513.06	1'501	539'294.5	53.48	31.3	30'999.8	2.4	17.4:1	-

198 付　　録

索　引
（※は人名、△は部族名）

あ　行
アイデンティティ　123
　　――ポリティックス　136
熱いメディア　147
アフリカ難民　172
アポイントメント　39
網目構造　47
アラビア語　151
アラブの春　4, 151
アルジャジーラ　152
移動の効率化　46
イリジウム　37, 38
インターネット　50, 137, 191
　　――革命　151
インフォマントのインフォマント　25
ヴィレッジフォン・プログラム　19
エアタイム　6, 69, 76〜78
エジプト　151
エスノグラフィ（民族誌）　118
エリート　185, 188
遠隔地開発計画（RADP）　178, 179
エンパワーメント　75, 80〜82
オランジュ　40
音楽　67

か　行
階層
　　――構造　47, 49
　　――的な状況　48
貨幣　154
※ギデンズ, A.　22
△ギリアマ　124
近代
　　――化　119
　　――国家　190
　　――的自己　23
グーグル　152
口コミ　46
※クラウセヴィッツ　190
グラミン銀行　19
グラミンフォン　6
グローバリゼーション　2, 136

グローバル化　119, 191
ケータイ　40
　　――の贈与　71
交通　43〜45, 48
　　――網　47
コール・ミー・リクエスト　87
国内避難民　140
個人化　24, 52, 53, 64, 65, 123
コミュニケーション　127

さ　行
再帰性　24
再帰的近代化論　22
サイバースペース　161
サファリコム　156, 157
△サン　174
ジェンダー
　　――間の格差　80
　　――規範　72, 81
時間空間の圧縮　147
識字率　181
自主的定着難民　172, 173
シティズンシップ　159
私的所有　33
社会
　　――開発　19
　　――経済的調整機能　173
　　――的ネットワーク　75, 76
　　――問題　2, 123
自由競争　176
呪術　118
狩猟　110
狩猟採集　188
　　――社会　175
ショートメッセージ・サービス（Short message service：SMS）　126, 139
食物分配　104
女性　19
信頼の熟成　46
ステルス戦争　136
生業　100
　　――活動　70

脆弱性　83
セーフティネット　84
選択
　──縁社会　34
　──的人間関係　31
想像の政治共同体　148
贈与　73～75
△ソマリ族　165

た　行
『大戦原理』　190
ダダーブ難民キャンプ　161
△ダマラ　88
地図にないコミュニティ　168
中間集団　193
チュニジア　151
長期化する難民状態　157
調和　173
ツイッター（Twitter）　151
通信料金　6
通話エリア　40～43
冷たいメディア　147
定着　172
テクノロジー　123
デジタル・デバイド（情報格差）　80, 115, 123
デジタル・デバイド論　81
電気通信史　175
電子マネー　155
電話
　公衆──　38
　固定──　8, 40, 47, 176
　──密度　176, 178
同化　172
都市　30, 31, 67
　──短期訪問　74, 75

な　行
内戦　3
仲買人　45, 46
ナミビア　85
難民　156, 159
　──キャンプ　172
　──条約　172
　──の恒久的解決手段　172
年齢
　──階梯制　129

──組織　53, 57～61, 65

は　行
パーソナル機能　45, 49
パブリックフォン　50
△バボンゴ　105
△ピグミー　103
ビジネス　19, 67
非─場所　162
平等主義社会　103
貧困　122
フィールドワーク　10, 118
フェイスブック（Facebook）　39, 50, 151
　──革命　151
武装解除　146
△ブッシュマン　174
プライベート　67
　──化　22
　──機能　45, 49
プリペイド方式　6
文化　128
紛争　3
平和構築　137
　下からの──　146
ページング（「ワン切り」）　76, 79, 87
※ベック, U.　22
ヘルスケア　134
包括的資本主義　19
ホスト社会　172, 173
ポストモダン　22
ボツワナ　174, 175, 177, 178, 187
　──電気通信公社（Botswana Telecommunications Corporations：BTC）　176, 177

ま　行
マイクロファイナンス　156
※マクルーハン, M.　23
△マサンゴ　106
マリ　52, 54
△マリンケ　54, 58～60
南アフリカ　50
民俗医療　114
メール　39
「メディアはメッセージである」　24
『メディア論』　23
モバイル

――機能　45
――・ファーマー　85
――・ヘルス（mHealth）　134
――マネーサービス　155, 156
※森鷗外　190
門戸開放政策　172

や・ら・わ行

焼畑農耕　110, 173
友人関係　31
有線電話網　134
遊動生活　103
ユニバーサルサービス　175
ラジオ　145
※リースマン，D.　194
レジリアンス　83
恋愛ツール　77
労働法　192
ローカル　122
若者　67, 125

BeMobile　177, 178, 180
BOP（Bottom of Pyramid）　5, 195
Botswana Telecommunication Authority　176
hawala　166
Mascom　177
　――Wireless　176
M-PESA　27, 156
MTN　173
Nteletsa　174
OAU条約　172
Orange Botswana　176
SIMカード　77, 78
transform　83

編 者 紹 介

羽渕　一代［第 1 章、Conclusion］
　弘前大学人文学部・准教授、博士単位取得退学、専門は情緒社会学、メディア文化論、1971 年生。

内藤　直樹［Introduction、第 9 章］
　徳島大学大学院ソシオ・アーツ・アンド・サイエンス研究部・准教授、博士（地域研究）、専門は文化人類学、アフリカ地域研究、紛争・難民研究、1974 年生。

岩佐　光広［Introduction、第 7 章、コラム 7］
　高知大学教育研究部人文社会科学部門・講師、博士（学術）、専門は医療人類学、生命倫理学、ラオス研究、1978 年生。

　執筆者紹介

飯田　卓［第 2 章、コラム 6］
　国立民族学博物館民族社会研究部・准教授、博士（人間・環境学）、専門は生態人類学、視覚コミュニケーションの人類学、1969 年生。

今中　亮介［第 3 章］
　京都大学大学院アジア・アフリカ地域研究研究科・博士課程、専門は人類学、アフリカ地域研究、1985 年生。

成澤　徳子［第 4 章］
　北海道大学ルサカオフィス・副所長、博士（地域研究）、専門はアフリカ地域研究、人類学、ジェンダー研究、1979 年生。

手代木　功基［第 5 章］
　総合地球環境学研究所・プロジェクト研究員、博士（地域研究）、専門は自然地理学、アフリカ地域研究、1984 年生。

松浦　直毅［第 6 章］
　静岡県立大学国際関係学部・助教、博士（理学）、専門は人類学、アフリカ地域研究
1978 年生。

湖中　真哉［第 8 章］
　静岡県立大学国際関係学部・准教授、博士（地域研究）、専門はアフリカ地域研究、人類学、1965 年生。

丸山　淳子［第 10 章］
　津田塾大学学芸学部国際関係学科・専任講師、博士（地域研究）、専門はアフリカ地域研究、人類学、1976 年生。

前川　護之［コラム1・3付録］
　京都大学大学院アジア・アフリカ地域研究研究科・博士課程、1988年生。

大門　碧［コラム2・4］
　京都大学・アフリカ地域研究資料センター・研究員、専門は都市文化、文化人類学、アフリカ地域研究、1982年生。

石本　雄大［コラム5］
　総合地球環境学研究所プロジェクト研究員、博士（地域研究）、専門は生態人類学、アフリカ地域研究、食料確保研究、1979年生。

大川　真由子［コラム8］
　東京外国語大学アジア・アフリカ言語文化研究所・研究機関研究員、博士（社会人類学）、専門は社会人類学、中東地域研究、移民研究、1973年生。

村尾　るみこ［コラム9］
　東京外国語大学アジア・アフリカ言語文化研究所・研究機関研究員、専門はアフリカ地域研究、難民研究、生態人類学、1977年生。

メディアのフィールドワーク──アフリカとケータイの未来

2012年9月15日　初版第1刷発行

編著者　羽　渕　一　代
　　　　内　藤　直　樹
　　　　岩　佐　光　広

発行者　木　村　哲　也

定価はカバーに表示　　印刷　新灯印刷　製本　新灯印刷

発行所　株式会社　北樹出版
〒153-0061　東京都目黒区中目黒1-2-6
URL : http://www.hokuju.jp
電話(03)3715-1525(代表)　FAX(03)5720-1488

Ⓒ 2012, Printed in Japan　　ISBN 978-4-7793-0348-7
（落丁・乱丁の場合はお取り替えします）